母线和变压器暂态量保护算法

束洪春 著

科学出版社

北京

内 容 简 介

母线和变压器负责线路与电源之间的连接,是电力系统中重要的枢纽设备。本书首先从故障行波与暂态量应用入手,在分析母线故障与线路故障后各线路电磁暂态过程的基础上,介绍了基于行波极性原理、方向行波原理、电压与电流暂态量波形特征、测后模拟原理的行波母线保护与暂态量母线保护。此外,介绍了电流互感器饱和原理、波形特点及其对传统母线保护的影响,并探讨了电流互感器饱和检测方法。在对变压器励磁涌流产生机理、波形特点进行分析的基础上,介绍了通过正弦拟合、数学形态学等多种数字信号处理方法提取三相差流波形特征,对励磁涌流与内部故障波形进行辨识的一系列方法。最后,介绍了引入电压量的新型变压器保护,从能量表征和模型匹配两个理路实现对变压器内部故障与励磁涌流的快速判别。

本书可供高等院校电气工程专业的学生阅读参考,也可供电力系统相关专业人员研习参考。

图书在版编目(CIP)数据

母线和变压器暂态量保护算法/束洪春著. —北京:科学出版社,2018.9
ISBN 978-7-03-058709-1

Ⅰ.①母⋯ Ⅱ.①束⋯ Ⅲ.①电力系统-母线保护-算法②电力变压器-继电保护-算法 Ⅳ.①TM7②TM07③TM410.35

中国版本图书馆 CIP 数据核字(2018)第 205981 号

责任编辑:张海娜 / 责任校对:何艳萍
责任印制:吴兆东 / 封面设计:蓝正设计

科学出版社 出版
北京东黄城根北街 16 号
邮政编码:100717
http://www.sciencep.com

北京凌奇印刷有限责任公司 印刷
科学出版社发行 各地新华书店经销

*

2018 年 9 月第 一 版 开本:720×1000 1/16
2023 年 5 月第三次印刷 印张:11
字数:216 000
定价:85.00 元
(如有印装质量问题,我社负责调换)

前　言

　　母线和变压器是在发电厂、变电站内直接参与电力传输的一次设备,母线负责电能在同一电压等级的汇集与分配,变压器负责电能在不同电压等级之间的传输。母线和变压器是输配电系统的关键设备,在电力系统中占有极其重要的地位,在母线或变压器发生故障时,若不能及时检测并切除故障,将会扩大事故范围,毁坏更多设备,破坏电力系统的安全稳定运行,甚至瓦解整个电力系统。因此,探寻性能完善、可靠性高的母线保护与变压器保护原理十分必要。

　　高压母线通常位于变电站内,发生短路故障的概率很小,而母线保护涉及所有与母线相连的线路与元件。若因人为失误或电流互感器(CT)饱和导致母线保护出现误动作,将导致所有母线上的线路和电源被切除。关于电力系统高压母线是否需要专用的母线保护在历史上曾有过争议,但是随着继电保护技术的发展与电力系统规模的扩大,母线保护的应用已经得到广泛的认可。按照我国《继电保护和安全自动装置技术规程》(GB14285—2016)的规定,仅在110kV单母线接线形式及其以下电压等级无特殊保护要求的情况下才允许不安装专门的母线保护,而使用其他设备的后备保护覆盖母线。因为母线保护包括所有连接在母线上的元件,所以母线保护有时也称为母线区域保护,虽然这个术语能更好地描述母线保护,但应用并不广泛,并且大多数工程师习惯于将这类保护简单地称为母线保护。为降低人为接线失误的影响,母线保护的架构从最初集中式逐渐发展到分布式母线保护。通过将数据采集单元下放至各个开关柜内,分布式架构降低了集中式对二次电缆接入与屏柜布线的要求,在一定程度上降低了因人为失误导致接线错误引起母线保护误动作的可能性。针对CT饱和问题,目前在工程上主要通过电压启动元件与其他启动元件之间的启动时差,以及谐波制动对CT饱和进行检测,但是工频量保护采样率低,不同启动元件的启动时间可能相差无几,不易判别,而谐波制动可能会受到线路故障产生的谐波影响,故CT饱和导致母线保护误动作的隐患依然存在,因此准确而快速地辨识母线区内故障与区外故障仍然是母线保护研究的重点。

　　传统工频量母线保护主要通过比较各回路工频电流幅值、相位来判别故障点是否位于母线,但是若在暂态过程中出现较大的一次电流,尤其是包含较大非周期分量时,可能导致CT因铁心磁饱和而无法准确传变工频波形,进而影响基于工频量差动原理的母线保护对故障的准确判别。基于工频电流相位原理的母线保护受CT饱和影响较小,但是不适用于母线故障后各回路电流相位相差较大或有电流流出的情况,导致传统工频量母线保护在 3/2 接线等复杂接线形式下依然存在发生误动作的危险。

随着行波保护技术的发展,行波保护因不受 CT 饱和影响的特点受到学术界关注。我国学者薄志谦提出利用小波变换提取电流行波波头特征,通过提取高频暂态量中包含的故障信息构建母线保护算法,根据电流初始行波波头极性信息对母线保护区内故障与区外故障进行判别。通过引入母线暂态电压,又相继提出了基于短时窗方向行波、暂态功率方向等原理的母线保护算法,将对初始行波波头的捕捉转变为对短时窗内行波传播方向与暂态能量的检测,降低了对采样率和波头捕捉准确性的要求。我国学者索南加乐通过计算母线暂态等效阻抗模型及参数,提出了基于瞬时阻抗与模型参数识别的母线保护算法,将暂态电压与电流的检测拓展为对母线-线路系统等效模型的分析。

虽然行波母线保护与暂态量母线保护都是利用母线故障后产生的暂态电气量特征构成保护,但就构成思想而言,暂态量母线保护是对行波母线保护的继承和发扬。为了便于对照,本书以行波母线保护为切入点,在阐述行波功率方向比较式母线保护、行波电流极性比较式母线保护、行波电流差动式母线保护和积分型行波幅值比较式母线保护等原理的基础上,对暂态量母线保护(包括基于含工频频带故障电流突变方向的母线保护、基于电流小波系数相关分析的母线保护和基于测后模拟的暂态量母线保护等)进行了原理上的剖析,以及保护动作特性的仿真分析。其中,行波功率方向比较式母线保护根据当且仅当母线故障时所有出线的初始行波功率方向才会一致的原理来构建保护判据;行波电流极性比较式母线保护根据当且仅当母线故障时所有出线的初始电流行波波首波头极性才会全部相同的原理来构建保护判据;行波电流差动式母线保护根据当且仅当外部故障时与母线相连的各回出线所测得的初始电流行波的幅值之和才会为零的原理来构建具有比率制动特性的保护判据;积分型行波幅值比较式母线保护根据当且仅当母线故障时所有出线所检测到的初始行波才全部是正向行波的原理来构建保护判据。基于含工频频带故障电流突变方向的母线保护是利用初始故障电流含工频量所在频带的突变方向来取代初始电流行波首波头极性来构成保护判据;基于测后模拟的暂态量母线保护根据当且仅当母线故障时母线上所有出线才能等效为无故障(RL)电路模型的原理来构成保护判据。对于母线上所有出线观测端,母线故障时都为反方向故障,而线路故障时,除发生故障的线路为正方向故障,其他无故障线路为反方向故障,分别利用高阶差分(SOD)、电压电流短时窗小波系数相关分析、前行波与反行波短时窗积分等方法来判断故障是正方向故障还是反方向故障,以实现母线保护的区内故障与区外故障的区分。此外,本书还针对传统保护面临的 CT 饱和问题及其对策展开了研究,并提出了 CT 饱和的过零点检测方法、基于小波原理的时差检测方法和基于 CT 二次输出电流与其差分构成的平面上相邻点距离判别的检测等方法。

　　变压器本身为一种铁磁元件,当变压器空载合闸时,其磁链不能突变,从而产生非周期磁链,使得变压器铁心饱和,变压器励磁电感降低,变压器合闸一侧将出现数值很大且偏向时间轴一侧的电流,进而导致变压器两端差流大幅增加,该特征与内部故障类似,故变压器保护的关键在于励磁涌流与变压器内部故障之间的区分。早在 1892 年,英国的 Fleming 就发现了励磁涌流现象,但直到 20 世纪 40 年代人们才开始重视该现象,并对其进行了深入的研究。明确变压器励磁涌流的产生机理与波形特征,有助于励磁涌流的可靠识别,可有效提高变压器差动保护的正确动作率。

　　目前变压器的主保护为利用电气量的纵联差动保护和非电气量的瓦斯保护。其中纵联差动保护利用变压器一次侧电流与二次侧电流的差作为差流以评定内部故障,该方法对内部故障和外部故障有较强的辨识能力。变压器差动保护建立在变压器稳态磁路平衡的基础上,在暂态过程中这种平衡关系可能被打破,变压器空载合闸、过励磁等情况下,由磁路饱和产生的涌流会引起差动保护误动作。变压器差动保护的难点在于对涌流和内部故障的可靠识别。

　　本书从基于工频量的变压器差动保护原理切入,探讨励磁涌流与和应涌流的产生机理及其对工频量差动保护的影响,对励磁涌流和内部故障的波形特点进行分析。根据内部故障稳态电流为正弦波形而励磁涌流含有较多二次谐波,波形偏向零轴一侧的特点,利用发生内部故障或励磁涌流后一段数据进行正弦拟合,比较拟合波形与采样数据的相似度以区分励磁涌流和内部故障。利用励磁涌流和内部故障在波形复杂程度和时频特征不同的特点,分别通过多重分形谱和时频矩阵进行励磁涌流和内部故障的鉴别。通过 Park 变换对突变量的放大作用,内部故障情况下的波形突变更为明显,再利用小波分解提取突变量中的高频成分,以高频成分的大小来区分内部故障和励磁涌流。根据内部故障下差动电流在其相邻阶次差分构成的平面上分布均匀,而励磁涌流情况差动电流在此平面上分布散乱的特点,利用差动电流与其相邻阶次差分构成的平面上相邻点距离的大小建立励磁涌流识别原理。变压器发生内部故障时,变压器等效电路模型随之改变,模拟波形和实测波形出现负相关,而发生励磁涌流时,模拟波形和实测波形相关度为正,利用正常运行时的电路模型可由一次侧电压和电流计算出二次侧线模电压,根据计算值和量测值的相似程度反映模型匹配程度,判别内部故障与励磁涌流。在发生励磁涌流时,变压器一次侧与二次侧消耗的能量都趋向于 0,能量差也趋向于 0,在发生内部故障时,一部分能量会经故障点流入大地,变压器两侧吸收与输出的能量大小不同,导致出现较大的能量差。

　　本书的相关研究得到了国家自然科学基金重点项目“基于数据驱动的高原山地输电线路故障精确定位与雷击电流反演恢复研究”(U1202233)、云南省自然科学基金重点项目“高原山地输电线路雷击检测识别及雷电参数反演恢复研究”

（2011FA032）、云南省科技厅攻关项目"高海拔大容量远距离输电中行波故障测距技术研究"（2003GG10）和"高原山地长距离高压输电线路电弧故障检测定位技术与系统研制"（2000B2-02），以及云南省自然科学基金面上项目"新型时域法故障测距研究"（99E006G）和"小波分析在线路故障测距应用研究"（98E0409M）等的资助，同时，在与电网业界同行合作的一系列项目中有相当部分内容得到实际应用，一并谨致谢忱。

　　限于作者水平，书中难免存在疏漏与不妥之处，恳请读者批评指正。

作 者

2018 年 4 月于昆明

目　录

前言

第1章　行波母线保护 ·· 1

1.1　行波功率方向比较式母线保护 ···················· 1

1.2　行波电流极性比较式母线保护 ···················· 7

1.3　行波电流差动式母线保护 ·························· 13

1.4　积分型行波幅值比较式母线保护 ················ 20

1.5　本章小结 ··· 26

第2章　暂态量母线保护 ·· 28

2.1　基于含工频频带故障电流突变方向的母线保护 ······· 28

2.2　基于电流小波系数相关分析的母线保护 ··········· 36

2.3　基于S变换的母线保护 ···························· 40

2.4　基于SOD的暂态量极性比较式母线保护 ········· 44

2.5　基于电压电流短时窗小波系数相关分析的母线保护 ·· 49

2.6　基于方向行波原理的暂态量母线保护 ············· 53

2.7　基于测后模拟的暂态量母线保护 ················· 57

2.8　本章小结 ··· 61

第3章　CT饱和及对母线保护的影响和检测方法 ············· 63

3.1　CT饱和原理 ······································ 63

3.2　CT饱和特点及其对母线保护的影响 ············· 65

3.3　CT饱和检测方法 ································· 67

3.4　本章小结 ··· 79

第4章　变压器涌流产生机理分析 ································· 80

4.1　励磁涌流产生机理 ································· 80

4.2　和应涌流产生机理及对差动保护的影响 ·········· 86

4.3　本章小结 ··· 100

第5章　变压器励磁涌流识别 ····································· 101

5.1　基于正弦拟合的励磁涌流识别 ···················· 101

5.2　基于数学形态学的励磁涌流识别 ················· 108

5.3　基于多重分形谱的励磁涌流识别 ················· 113

5.4　基于时频分析的励磁涌流识别 ···················· 118

5.5　基于 Park 变换的励磁涌流快速识别 ·················· 124

5.6　基于差动电流相邻阶次差分构成的平面上相邻点距离的励磁涌流
　　　快速识别 ·················· 128

5.7　基于差动电流梯度熵值的励磁涌流识别 ·················· 134

5.8　基于差动电流梯度归一化的励磁涌流识别 ·················· 137

5.9　基于差动电流顶点两侧采样点差值的励磁涌流识别 ·········· 140

5.10　基于形态学骨架的励磁涌流识别 ·················· 141

5.11　本章小结 ·················· 144

第 6 章　增加电压检测量的新型变压器保护 ·················· 145

6.1　基于测后模拟原理的变压器保护 ·················· 145

6.2　基于变压器两侧能量差原理的变压器保护 ·················· 155

6.3　本章小结 ·················· 159

参考文献 ·················· 160

第 1 章　行波母线保护

母线故障是电网故障类型中的一种极端情况,造成的短路电流往往很大,对发电机等电源造成的影响极大,故对母线保护的准确性、可靠性与速动性往往有极高的要求。但是母线上回路较多,工况千差万别,加之母线接线形式多,电流互感器(CT)易饱和,母线接近电源导致直流分量衰减时间常数大等多种因素影响,传统工频量母线保护难以完全满足工程需求。目前现场工程中所使用的工频量母线保护以差动原理为主,辅以电流相位比较式保护、过流保护、电压闭锁元件等,通过比较各回路工频电流幅值、相位以及母线电压等变量对母线区内故障与区外故障进行判别。但是作为主保护的差动保护会受到 CT 饱和影响,二次电流波形可能严重失真,故需要专门的 CT 饱和检测元件在较长时窗内进行配合,这在一定程度上降低了保护速动性。而通过比较工频电流相位的母线保护原理受 CT 饱和影响较小,但是难以适应各回路相角差很大的情况。

行波母线保护原理是在线路保护行波原理研究基础上逐步发展而来的。利用暂态故障分量实现的超高速行波母线保护不但能够规避传统母线差动保护受负荷电流、CT 饱和及过渡电阻等影响的问题,而且可以进一步提高保护的速动性和灵敏性。目前,就理论和方案而言,基于行波原理的母线保护研究已经比较深入,但是初始行波转瞬即逝,难以可靠测量与捕捉,使得行波母线保护的可靠性和实用化还需要进一步研究。

1.1　行波功率方向比较式母线保护

单母线接线方式的故障附加网络如图 1-1 所示,当发生母线区内故障时,在附加电源$-U_f$的作用下将产生由故障点向各回路传播的电压行波和电流行波,而在发生母线区外故障时,故障初始行波由故障点经线路传播至母线,通过母线向其他回路继续传播。

设母线上第 k 条回路的出口处均可检测到初始电流行波 i_k 和初始电压行波 u_k,定义第 k 条线路初始行波功率为

$$S_k = u_k i_k, \quad k = 1, 2, \cdots, n \tag{1-1}$$

以单母线接线形式为例,设电流方向和功率方向都是以母线流向线路为正,当

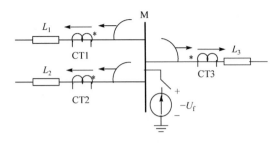

(a) 母线M故障

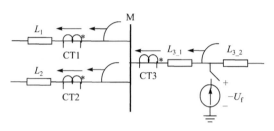

(b) 线路L_3故障

图 1-1　单母线接线方式的故障附加网络

分别发生母线区内故障与区外故障时各线路的初始行波功率方向如表 1-1 所示。

表 1-1　初始行波功率方向

故障位置	附加电源极性	母线电压行波极性	线路电流行波 i_k 极性			初始行波功率方向
			L_1	L_2	L_3	
母线区内故障	$+$	$+$	$+$	$+$	$+$	所有回路 $S_k > 0$
	$-$	$-$	$-$	$-$	$-$	
母线区外 L_3 回路故障	$+$	$+$	$+$	$+$	$-$	S_k 符号不一致
	$-$	$-$	$-$	$-$	$+$	

如表 1-1 所示,通过比较不同出线的暂态行波功率方向可以判别母线是否发生了故障。若与母线相连的所有回路上测得的行波功率方向一致,则判为母线区外故障;若至少有一个回路的行波功率方向与其他回路的行波功率方向不一致,则判为母线区外故障。基于此,设行波功率方向一致性函数为

$$S = \prod_{k=1}^{n} S_k \begin{cases} > 0, & 母线区内故障 \\ \leqslant 0, & 母线区外故障 \end{cases} \tag{1-2}$$

行波功率方向比较式母线保护的流程如图 1-2 所示。其中,$\tau_{\min}$ 为故障行波从最短线路首端传播至末端所需时间。

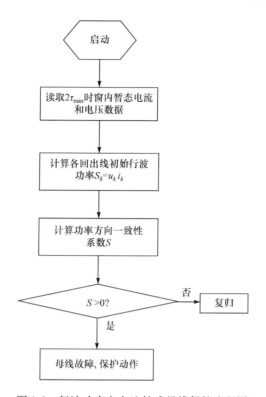

图 1-2 行波功率方向比较式母线保护流程图

仿真系统如图 1-3 所示,采样频率为 500kHz,故障初相角为 90°。母线侧电流互感器 CT1、CT2、CT3 构成母线 M 侧保护,CT4、CT5、CT6 构成母线 N 侧保护。将三相电流和三相电压分别按 Karenbauer 变换矩阵进行相模变换,可以得到含故障相的线模电流和线模电压。定义 i_1、i_2 和 i_3 分别为与母线 M 相连的 CT1、CT2 和 CT3 测量计算得到的含故障相的线模电流行波;i_4、i_5 和 i_6 分别为与母线 N 相连的 CT4、CT5 和 CT6 测量计算得到含故障相的线模电流行波。当母线 M 故障时,含故障相的线模电流行波、线模电压行波如图 1-4 所示。母线区外故障设于线路 L_4,含故障相的线模电流行波、线模电压行波如图 1-5 所示。采样时窗选择均小于 $2\tau_{min}$,其中 τ_{min} 为故障行波在与母线相连的最短出线全长的传播时间,仿真系统中与母线相连的最短出线的长度为 180km,由 $2\tau_{min}=2l_{min}/v$ 计算得到 $2\tau_{min}=1.2ms$。

由图 1-4 可知,母线 M 侧功率方向比较结果为 $S_k=\{195.2,185.6,185.3\}$;母线 N 侧的功率方向比较结果为 $S_k=\{-42,39.008,6.4\}$,据式(1-2),此时母线 M 保护判别式 $S>0$,N 侧保护判别式 $S<0$,据此判为母线 M 故障。

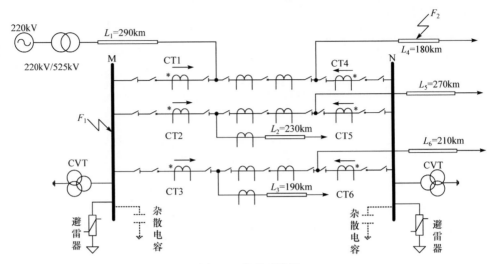

图 1-3　仿真系统图

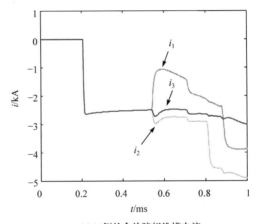

(a) M侧的含故障相线模电流

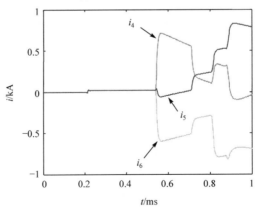

(b) N侧的含故障相线模电流

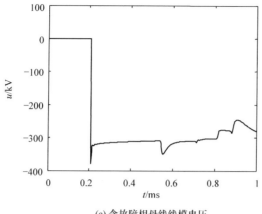

(c) 含故障相母线线模电压

图 1-4 母线 M 故障时含故障相线模电流行波和线模电压行波

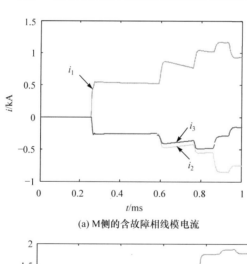

(a) M 侧的含故障相线模电流

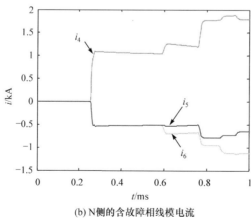

(b) N 侧的含故障相线模电流

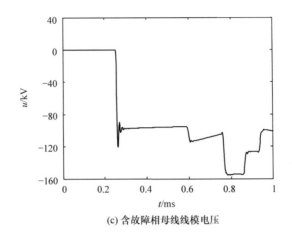

(c) 含故障相母线线模电压

图 1-5　母线区外故障时含故障相线模电流行波和线模电压行波

由图 1-5 可知,母线 M 侧功率方向比较结果为 $S_k = \{-1.368, 0.888, 0.888\}$；母线 N 侧的功率方向比较结果为 $S_k = \{-21.6, 10.968, 10.968\}$,据式(1-2),此时母线 M 侧、N 侧的功率方向比较结果都为 $S < 0$,据此判为母线区外故障。表 1-2 为线路不同故障情况下,基于功率方向比较式母线保护的判别结果。

表 1-2　基于行波功率方向比较式母线保护的仿真计算示例

故障类型	母线 M 侧	母线 N 侧	判别结果
母线 M 发生金属性 AG 故障,故障初始角 90°	>0	>0	母线区内故障
出线 L_1 发生 AG 故障,故障初始角 90°,过渡电阻 10Ω,故障距离 20km	<0	<0	母线区外故障
出线 L_2 发生 AG 故障,故障初始角 60°,过渡电阻 100Ω,故障距离 100km	<0	<0	
出线 L_3 发生金属性 AG 故障,故障初始角 30°,故障距离 185km	<0	<0	

由表 1-2 可知,母线区内故障时,瞬时功率由母线向所连回路进行传播,瞬时功率方向一致,而母线区外故障时,瞬时功率由产生故障的回路传至母线,母线上回路功率方向不完全一致,根据故障初瞬产生的瞬时功率方向,行波功率方向母线保护算法能够判别母线区内故障与区外故障。现有的差流保护由于现有工频量母线保护极少使用功率量作为判据,故行波功率方向保护算法在原理上有一定的创新性。因算法引入了电压量,在一定程度上增加了数据存储量,且要求电流行波波头和电压行波波头的精确捕捉与同步对时,对硬件有较高要求,工程实现存在一定难度。

1.2　行波电流极性比较式母线保护

常规电磁式 CT 的暂态响应基本能够满足正确传变电流行波的要求,但是因为引入了电压量,需保证电流行波与电压行波的有效传变与同步,所以行波功率方向比较式母线保护存在一定缺陷。行波电流极性比较式母线保护只采用电流行波信息构成保护,较之于行波功率方向比较式母线保护,可以从原理上躲过 CVT 传变特性对保护的影响。

由图 1-6(a)可见,母线 M 上 F_1 点故障时,故障点产生的电流行波将由母线向所有回路传播,各 CT 检测到初始电流行波的极性相同。

由图 1-6(b)可见,母线区外 F_2 点故障时,故障处产生的电流行波将向线路两侧传播,一部分传到对侧母线,另一部分传到母线 M 发生反射、折射,检测到出现故障的回路初始电流行波与非故障线路初始电流行波的极性相反。

规定电流方向以母线流向线路为正,P_k 表示与母线相连的第 k 条出线上检测到初始电流行波正极性,$\bar{P}_k$ 为其反极性,当电流极性为正时,$P_k=1$,$\bar{P}_k=0$,当电流极性为负时,$P_k=0$,$\bar{P}_k=1$,则根据上面的分析可以得到行波电流极性比较式保护的判别式为

$$D_M = \prod_{k=1}^{n} P_k + \prod_{k=1}^{n} \bar{P}_k \tag{1-3}$$

当 $D_M=1$ 时,判定为母线区内故障;当 $D_M=0$ 时,判定为母线区外故障。

考虑到母线保护的动作判据应针对不同母线形式实现,下面以超高压电网中广泛应用的 3/2 断路器接线形式的母线为例进行讨论。

如图 1-3 所示,线路 L_4 上 F_2 点发生 A 相故障时,母线 M:CT2、CT3 上测量并计算得到的含故障相线模电流初始行波极性相同,与 CT1 测量并计算得到的含故障相线模电流初始行波极性相反。母线 N:CT5、CT6 测量并计算得到的含故障相线模电流初始行波极性相同,与 CT4 上测量并计算得到的含故障相线模电流初始行波极性相反。

母线 M 上 F_1 点发生 A 相故障时,故障母线 M:CT1、CT2、CT3 上测量并计算得到的含故障相线模电流初始行波极性相同。非故障母线 N:CT4、CT5、CT6 上测量并计算得到的含故障相线模电流初始行波极性不相同。

行波电流极性比较式母线保护的流程图如图 1-7 所示。

仿真系统如图 1-3 所示,采样频率为 500kHz,F_1、F_2 均为 A 相金属性接地故障,故障初始角为 90°。对线模电流做小波变换得到其模极大值提取初始行波突变极性,小波基函数为 db3 小波。定义 i_1、i_2 和 i_3 分别为与母线 M 相连的 CT1、

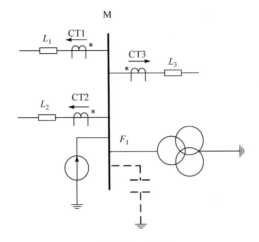

(a) 母线上F_1点故障

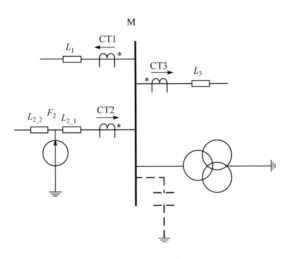

(b) 母线区外F_2点故障

图 1-6 单母线接线的故障附加网络

CT2 和 CT3 测量计算得到的含故障相的线模电流行波；i_4、i_5 和 i_6 分别为与母线 N 相连的 CT4、CT5 和 CT6 测量计算得到含故障相的线模电流行波。母线 M 故障时，线模电流行波及其第三尺度小波变换结果如图 1-8 所示。线路 L_4 上故障时，线模电流行波及其第三尺度小波变换结果如图 1-9 所示。

由图 1-8(a)可知，母线 M 侧 CT1、CT2、CT3 上测量计算得到的含故障相线模电流初始行波的小波模极大值 $W=\{-1.22, -1.66, -1.66\}$，此时 M 侧母线保护的电流行波极性判别结果为 $D_M=1$；而图 1-8(b)中母线 N 侧 CT4、CT5、CT6 上测

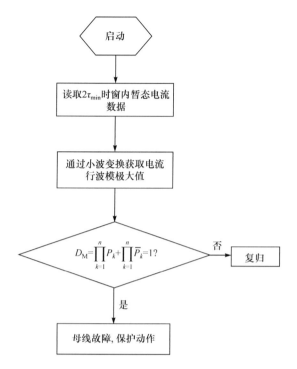

图 1-7　行波电流极性比较式母线保护流程图

得的含故障相线模电流初始行波的小波模极大值 $W = \{0.2625, -0.2438, -0.04\}$，此时 N 侧母线保护的电流行波极性判别结果为 $D_N = 0$，据此判断为母线 M 故障。

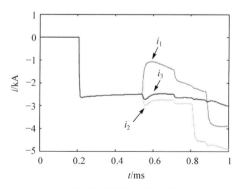

(a) 母线M侧计算得到的含故障相线模电流

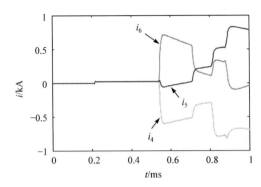

(b) 母线N侧计算得到的含故障相线模电流

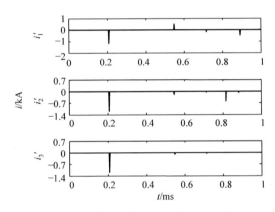

(c) 母线M侧含故障相线模电流小波变换结果

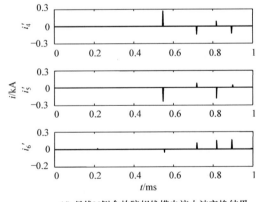

(d) 母线N侧含故障相线模电流小波变换结果

图 1-8 母线 M 故障时线模电流行波及其第三尺度小波变换结果

由图 1-9(a)可知,母线 M 侧 CT1、CT2、CT3 上测量计算得到的含故障相线模电流初始行波的小波模极大值 $W = \{0.028, -0.018, -0.018\}$,此时 M 侧母线保护的电流行波极性判别结果为 $D_M = 0$;而图 1-9(b)中母线 N 侧 CT4、CT5、CT6 上测量计算得到的含故障相线模电流初始行波的小波模极大值 $W = \{0.450, -0.238, -0.238\}$,此时 N 侧母线保护的电流行波极性判别结果为 $D_N = 0$,据此判断为母线区外故障。表 1-3 为线路不同故障情况下,基于行波电流极性比较式母线保护的判别结果。

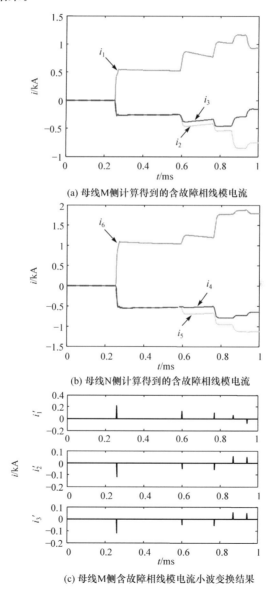

(a) 母线M侧计算得到的含故障相线模电流

(b) 母线N侧计算得到的含故障相线模电流

(c) 母线M侧含故障相线模电流小波变换结果

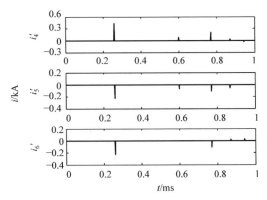

(d) 母线N侧含故障相线模电流小波变换结果

图 1-9　线路 L_4 上故障时线模电流行波及其第三尺度小波变换结果

表 1-3　基于行波电流极性比较式母线保护的仿真计算示例

故障类型	母线 M 侧				母线 N 侧				判别结果
	CT1	CT2	CT3	D_M	CT4	CT5	CT6	D_N	
母线 M 发生金属性 AG 故障，故障初始角 90°	—	—	—	1	—	—	—	0	母线区内故障
出线 L_1 发生 AG 故障，故障初始角 90°，过渡电阻 10Ω，故障距离 20km	+	—	—	0	+	—	—	0	母线区外故障
出线 L_2 发生 AG 故障，故障初始角 60°，过渡电阻 100Ω，故障距离 100km	—	+	—	0	—	+	—	0	
出线 L_3 发生金属性 AG 故障，故障初始角 30°，故障距离 185km	—	—	+	0	—	—	+	0	

　　由表 1-3 可知，电流行波极性比较式母线保护能够利用各回路电流极性对母线区内故障与区外故障进行辨识。当母线区内故障时，电流行波由母线向各回路传播，各回路所测初始电流行波极性一致，而母线区外故障时，故障行波由某一回路传至母线，不同回路初始电流行波极性存在不一致。与现有工频量母线保护相比，该保护算法利用了行波初始波头而非故障工频量，不受 CT 饱和影响，但是要求精确采集初始行波波头以实现波头极性判别，其可靠性值得商榷。

1.3 行波电流差动式母线保护

单母线接线方式下母线区内故障、母线区外故障的故障附加网络如图 1-10 所示,其中,C_M 是母线对地电容,i_{AM}、i_{BM}、i_{CM} 分别为母线各相对地电容电流,i_{A1}、i_{B1}、i_{C1} 和 i_{A2}、i_{B2}、i_{C2} 分别是线路 L_1、L_2 出口处的 CT 检测到的各相电流行波。故障时相当于故障附加电源合闸,暂态行波从故障点向两端传播。规定电流极性以母线流入线路为正。

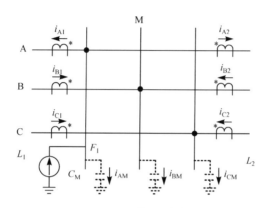

(a) 母线 F_1 点故障

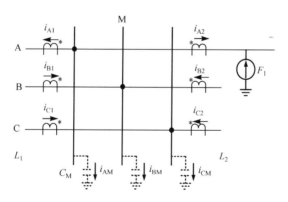

(b) 线路 F_2 点故障

图 1-10 故障附加网络

定义电流行波差动量为

$$i_{\varphi d} = \left| i_{\varphi 1} + i_{\varphi 2} + \cdots + i_{\varphi n} \right| = \left| \sum_{k=1}^{n} i_{\varphi k} \right| \tag{1-4}$$

式中,φ 为 A 相、B 相或 C 相;n 为母线上所连线路的总数;$i_{\varphi k}$ 为第 k 条线路测得的

φ 相电流行波。

如图 1-10(a)所示,当母线上 F_1 点发生 A 相故障时,故障处产生的电流行波 i_{F1} 有少部分经母线杂散电容流入地中,另一部分向两侧回路 A 相传播。此时母线 A 相两侧检测到的 i_{A1} 和 i_{A2} 极性相同,母线 A 相差动量为 $i_{Ad}=|i_{A1}+i_{A2}|=|i_{F1}-i_{AM}|$。暂态电流行波在沿 A 相线路传播的过程中,会耦合到线路的 B 相、C 相并向 B 相、C 相两侧继续传播。此时 B 相、C 相相差动量分别为 $i_{Bd}=|i_{B1}+i_{B2}|=|-i_{BM}|$、$i_{Cd}=|i_{C1}+i_{C2}|=|-i_{CM}|$。因为母线对地电容电流远远小于故障电流,所以 A 相差动量较大,B 相、C 相差动量较小。

如图 1-10(b)所示,当母线区外 F_2 点发生 A 相故障时,故障处产生的电流行波在到达母线后沿其他回路 A 相继续传播。此时母线 A 相两侧检测到的 i_{A1} 和 i_{A2} 极性相反,母线 A 相差动量为 $i_{Ad}=|i_{A1}+i_{A2}|=|-i_{AM}|$。暂态电流行波在沿 A 相向母线传播的过程中,会耦合到线路的 B 相、C 相继续向母线传播。此时 B 相、C 相差动量分别为 $i_{Bd}=|i_{B1}+i_{B2}|=|-i_{BM}|$、$i_{Cd}=|i_{C1}+i_{C2}|=|-i_{CM}|$。因为母线对地电容电流很小,所以 A 相、B 相、C 相差动量都较小。

以上采用 A 相故障为例对电流行波母线保护的原理进行了说明,其他类型的故障的分析过程与 A 相故障类似,此处就不再赘述。

由电流行波母线保护原理可知,若三相电流行波差动量都小于阈值,则判定为母线区外故障;若至少有一相差动量大于阈值,则判定为母线故障。考虑到母线在电压过零点附近故障时,各电流互感器测得的电流行波很微弱,此时母线故障可能被误判为母线区外故障,电力行波母线差动保护需要采用带比率制动特性的保护判据。

规定电流行波的制动量为

$$i_{\varphi d}=|i_{\varphi 1}|+|i_{\varphi 2}|+\cdots+|i_{\varphi n}|=\sum_{k=1}^{n}|i_{\varphi k}| \tag{1-5}$$

差动量与制动量的比值构成比率判据表达式如下:

$$K_{\varphi}=\frac{i_{\varphi d}}{i_{\varphi r}}=\frac{\left|\sum\limits_{k=1}^{n}i_{\varphi k}\right|}{\sum\limits_{k=1}^{n}|i_{\varphi k}|} \tag{1-6}$$

当发生母线区外故障时,$i_{\varphi d}<i_{\varphi r}$,从而 $K_{\varphi}<1$;当发生母线区内故障时,至少有一相 $i_{\varphi d}=i_{\varphi r}$,即 $K_{\varphi}=1$。因此,设阈值 $K_{set}=0.9$,则行波母线分相差动保护的比率判据为:若三相电流行波都满足 $K_{\varphi}<K_{set}$,则判为母线区外故障;若至少有一相 $K_{\varphi}\geqslant K_{set}$,则判为母线区内故障。

上述基于比率判据的行波电流差动式母线保护的流程图如图 1-11 所示。

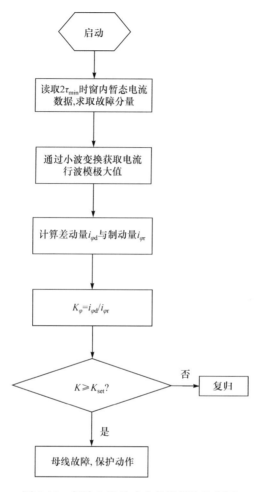

图 1-11　行波电流差动式母线保护流程图

以图 1-3 的仿真系统为例,采样频率为 500kHz,设 F_1、F_2 为 A 相金属性接地故障,故障初始角为 90°。定义 i_{CT1A}、i_{CT1B} 和 i_{CT1C} 分别为 CT1 上测量得到的三相故障电流行波;i_{CT2A}、i_{CT2B} 和 i_{CT2C} 分别为 CT2 上测量得到的三相故障电流行波,i_{CT3A}、i_{CT3B} 和 i_{CT3C} 分别为 CT3 上测量得到的三相故障电流行波。母线 M 故障时,三相电流故障分量行波及第三尺度小波变换结果如图 1-12 和图 1-13 所示。母线区外故障点设为线路 L_3 距离母线 70km 处,三相电流故障分量行波及第三尺度小波变换结果如图 1-14 和图 1-15 所示。

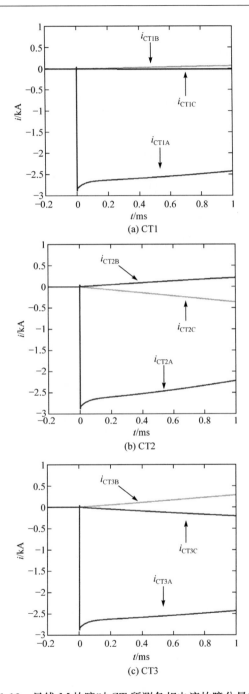

(a) CT1

(b) CT2

(c) CT3

图 1-12　母线 M 故障时 CT 所测各相电流故障分量行波

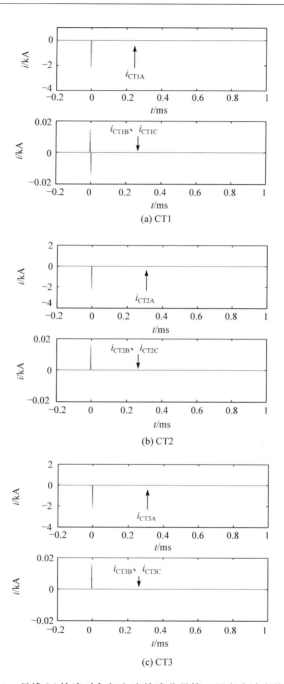

图 1-13 母线 M 故障时各相电流故障分量第三尺度小波变换结果

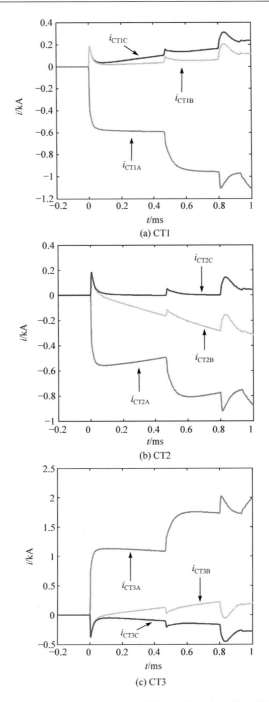

图 1-14　母线区外故障时电流互感器所测各相电流故障分量行波

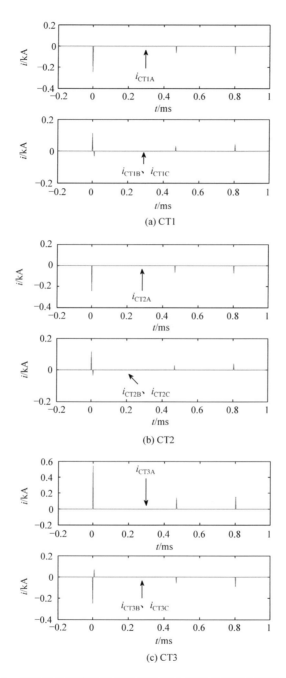

图 1-15　母线区外故障时各相电流故障分量第三尺度小波变换结果

由图 1-13 可知,CT1 上各相初始电流行波计算所得小波变换模极大值分别为 $-2073.51A$、$13.65A$、$13.65A$,CT2 上各相初始电流行波计算所得小波变换模极大值分别为 $-1952.6A$、$15.65A$、$15.65A$,CT3 上各相初始电流行波计算所得小波变换模极大值分别为 $-2047.6A$、$16.77A$、$16.77A$,代入式(1-6)得到 $K_A = K_B = K_C = 1 > K_{set}$,据此判断为母线故障。

由图 1-15 可知,CT1 上各相初始电流行波计算所得小波变换模极大值分别为 $-245.51A$、$106.37A$、$106.37A$,CT2 上各相初始电流行波计算所得小波变换模极大值为 $-225.74A$、$106.2A$、$106.2A$,CT3 上各相初始电流行波计算所得小波变换模极大值分别为 $556.21A$、$-213.98A$、$-213.98A$,代入式(1-6)得到 $K_A = 0.042$,$K_B = K_C = 0.0013$,三者都小于 K_{set},据此判断为母线区外故障。表 1-4 所示为线路不同故障情况下,行波电流差动式母线保护的判别结果。

表 1-4　基于行波电流差动式母线保护的仿真计算示例

故障类型	母线 M			母线 N			判别结果
	K_A	K_B	K_C	K_A	K_B	K_C	
母线 M 发生金属性 AG 故障,故障初始角 90°	1	1	1	0.01	0.00	0.00	母线区内故障
出线 L_1 发生 AG 故障,故障初始角 90°,过渡电阻 10Ω,故障距离 20km	0.04	0.00	0.00	0.04	0.00	0.00	母线区外故障
出线 L_2 发生 AG 故障,故障初始角 60°,过渡电阻 100Ω,故障距离 100km	0.00	0.02	0.00	0.00	0.02	0.00	
出线 L_3 发生金属性 AG 故障,故障初始角 30°,故障距离 185km	0.00	0.00	0.02	0.00	0.00	0.02	

由表 1-4 可知,基于行波电流差动式母线保护能够对母线区内故障与区外故障进行有效区分,通过将所有相电流集中处理,避免了三相数据多线程处理,但是在判定为母线区内故障后,还需进一步做选相工作才能确定故障相以便于现场运行人员做后续处理。

1.4　积分型行波幅值比较式母线保护

行波功率方向比较式母线保护、行波电流极性比较式母线保护和行波电流差动式母线保护各具优劣,但是都未能彻底解决小初始角故障对保护的影响问题。积分型行波幅值比较式母线保护采用正向行波幅值和反向行波幅值的比值构造保护,可以从原理上弥补这一缺陷。

定义 $v = 1/\sqrt{LC}$ 为行波的传播速度;$Z_c = \sqrt{L/C}$ 是线路的波阻抗;L 和 C 是单

位长度线路的电感和电容;u^+ 和 u^- 分别是沿正方向传播的正向行波和沿反方向传播的反向行波,则根据波动方程可得线路上任意点电压和电流:

$$\Delta u = u^+\left(t-\frac{x}{v}\right) + u^-\left(t+\frac{x}{v}\right) \tag{1-7}$$

$$\Delta i = \frac{1}{Z_c}\left[u^+\left(t-\frac{x}{v}\right) + u^-\left(t+\frac{x}{v}\right)\right] \tag{1-8}$$

由式(1-7)和式(1-8)可得正向行波和反向行波为

$$u^+ = \frac{\Delta u + Z_c\Delta i}{2} \tag{1-9}$$

$$u^- = \frac{\Delta u - Z_c\Delta i}{2} \tag{1-10}$$

如图 1-16 所示单母线接线系统,定义正向行波的方向是由母线指向线路,线路 L_2 上 F_2 点发生故障,此时,F_2 点发生的故障对于 L_2 线路为正向故障,而对于母线和其他线路为反向故障;故障行波传播的网格图如 1-16 所示。

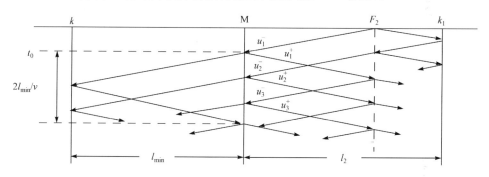

图 1-16　线路 L_2 正向故障时行波传播网格图

假定 t_0 是初始行波到达母线 M 的时刻,线路 L_2 长度为 l_2,与单母线相连的各回出线中最短线路长度为 $l_{\min}$。由图 1-16 可知,在 M 侧所观察到的暂态行波信号有两大类:一类是正向行波 u_1^+,u_2^+,u_3^+,$\cdots$,另一类是反向行波 u_1^-,u_2^-,u_3^-,$\cdots$。在 $[t_0,t_0+2l_{\min}/v]$ 时间段内,M 侧观察到的所有反向行波和所有正向行波分别为

$$u^- = u_1^- + u_2^- + u_3^- + \cdots \tag{1-11}$$

$$u^+ = u_1^+ + u_2^+ + u_3^+ + \cdots = k_f u^- \tag{1-12}$$

式中,k_f 为母线 M 的反射系数。将时窗限制在 $[t_0,t_0+2l_{\min}/v]$,可以保证量测端只检测到被保护线路内的入射波、反射波,防止背侧线路反射波对保护的影响。

如果 F_1 点发生故障,此时,F_1 点发生的故障对于 L_2 线路为反向故障,故障行波传播的网格图如图 1-17 所示。

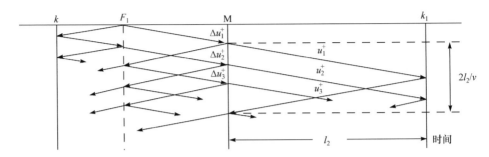

图 1-17　线路 L_2 反向故障时行波传播网格图

在 $[t_0, t_0 + 2l_2/v]$ 时间段内, M 侧保护安装处能够观测到三类折射波, 分别是来自于故障点的初始行波 Δu_1^+ 的折射波、背侧对端母线反射波 Δu_2^+ 的折射波、故障点反射波 Δu_3^+ 的折射波。这些折射波构成 M 侧正向行波 u^+。另外, 在此时间段内 M 侧无反向行波出现。因此正向行波、反向行波值分别为

$$u^+ = u_1^+ + u_2^+ + u_3^+ + \cdots = k_z(\Delta u_1^+ + \Delta u_2^+ + \Delta u_3^+ + \cdots) \tag{1-13}$$

$$u^- = 0 \tag{1-14}$$

式中, k_z 为母线 M 的折射系数。时窗 $[t_0, t_0 + 2l_2/v]$ 的选取是保证量测端只检测到来自于背侧线路或母线的折射波, 而不受被保护线路内对端母线反射波的影响。

由上述分析可知: 在故障后一定时间段内, 当被保护线路为正向故障时, 正向行波等于反向行波乘以反射系数; 而为反向故障时, 正向行波等于背侧入射波的折射波, 而反向行波等于零。结合上面的分析可得出: 对于正向故障, 正向行波的幅值小于反向行波的幅值; 而对于反向故障, 正向行波的幅值远大于反向行波的幅值。

许多学者曾基于上述方向行波的特征, 利用初始正向行波、反向行波的幅值构造母线保护判据, 但其存在可靠性问题, 主要表现为两种情况: 一种是初始行波一旦未捕获, 保护判据即宣告失败; 另一种是当单相故障发生在电压过零点附近时, 暂态行波非常微弱, 只利用初始行波可靠性会大大降低。为此, 本节基于故障后一段时间内的正向行波与反向行波的幅值关系构造判据, 充分利用较宽频率段的暂态行波能量, 来提高母线保护的可靠性。对于母线保护装置, 定义行波的正向为本侧母线指向被保护线路, S_1 和 S_2 分别是正向行波和反向行波的幅值积分, 如下所示:

$$S_1 = \int_{t_0}^{t_0+\tau} |u^+(t)| \, \mathrm{d}t \tag{1-15}$$

$$S_2 = \int_{t_0}^{t_0+\tau} |u^-(t)| \, \mathrm{d}t \tag{1-16}$$

式中, $\tau = 2l_{\min}/v$, l_j 为与母线相连出线 $L_j(=1,2,\cdots,n)$ 的长度, 为正确识别故障方

向,构造保护判别式如下:

$$\lambda = S_1/S_2 \tag{1-17}$$

若 λ 小于一个设定的阈值 λ_{set}(一般在 0~2,这里设阈值为 1.5),则判定为发生正向故障;若 λ 不小于 λ_{set},则判定为发生反向故障。如果与母线相连的所有出线的故障方向都为反向故障,则判为母线区内故障。

上述基于积分型行波幅值比较式母线保护的流程图如图 1-18 所示。

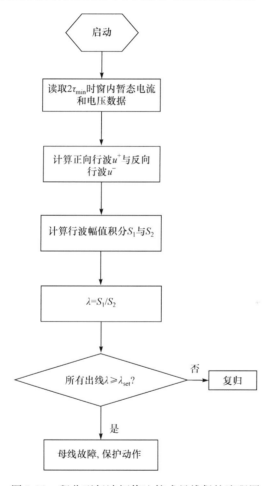

图 1-18　积分型行波幅值比较式母线保护流程图

以图 1-3 所示的仿真模型进行仿真,采样频率设为 1MHz。采用 Karenbauer 相模转换得到的含故障相线模量故障分量电流进行计算。由线路参数可计算出线模波阻抗为 258.8654Ω。图 1-19 为仿真得到的母线 M 发生 A 相接地故障时各回出线测得的行波波形图;图 1-20 为仿真得到的出线 L_1 发生 A 相接地故障时各回出线测得的行波波形图。图中 $u^+(t)$ 代表正向行波,$u^-(t)$ 代表反向行波。

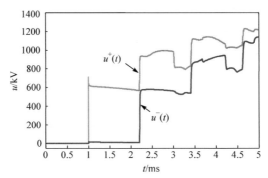

(a) CT1上测量计算得到的正向行波、反向行波

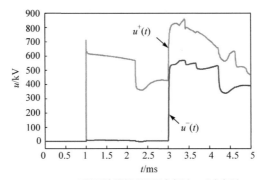

(b) CT2上测量计算得到的正向行波、反向行波

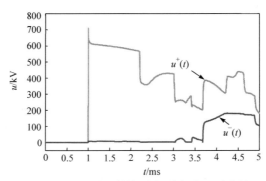

(c) CT3上测量计算得到的正向行波、反向行波

图 1-19   母线 M 故障时各回出线的含故障相线模量的行波波形图

由图 1-19 可知,从母线发生故障到故障发生后 1.2ms 时间内,各回出线的上测得的反向行波基本为零,而正向行波不为零。根据式(1-17)进行计算,计算结果见表 1-5,母线故障时,所有出线上测得的计算 $\lambda = S_1/S_2$ 都大于门槛值 1.5,根据保护判据,判为母线区内故障。

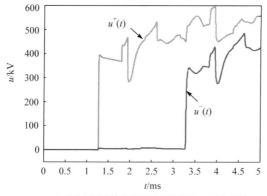

(a) CT1 上测量计算得到的正向行波、反向行波

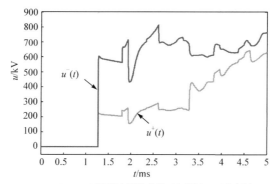

(b) CT2 上测量计算得到的正向行波、反向行波

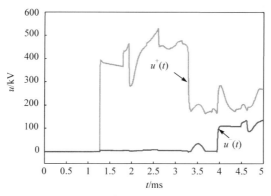

(c) CT3 上测量计算得到的正向行波、反向行波

图 1-20　出线 L_1 故障时各回出线的含故障相线模量的行波波形图

由图 1-20 可知,从母线发生故障到故障发生后 1.2ms 时间内,出线 L_2 上测得的反向行波和正向行波都不为零,而出线 L_1、出线 L_3 上测得的反向行波基本为零,正向行波不为零。根据式(1-17)进行计算,计算结果见表 1-5,出线 L_2 上测得

的正向行波与反向行波的比值 λ 小于门槛值 1.5，而出线 L_1、出线 L_3 上测得的正向行波与反向行波的比值 λ 都大于门槛值 1.5，根据保护判据，判为母线区外故障。表 1-5 所示为线路不同故障情况下，基于积分型行波幅值比较式母线保护的判别结果。

表 1-5　基于积分型行波幅值比较式母线保护的仿真计算示例

故障类型	母线 M			母线 N			判别结果
	λ_A	λ_B	λ_C	λ_A	λ_B	λ_C	
母线 M 发生金属性 AG 故障，故障初始角 90°	1	1	1	0.01	0.00	0.00	母线区内故障
出线 L_1 发生 AG 故障，故障初始角 90°，过渡电阻 10Ω，故障距离 20km	0.04	0.00	0.00	0.04	0.00	0.00	母线区外故障
出线 L_2 发生 AG 故障，故障初始角 60°，过渡电阻 100Ω，故障距离 100km	0.00	0.02	0.00	0.00	0.02	0.00	
出线 L_3 发生金属性 AG 故障，故障初始角 10°，故障距离 185km	0.00	0.00	0.02	0.00	0.00	0.02	

由表 1-5 可知，积分型行波幅值比较式母线保护原理不受小故障角的影响，即使故障行波非常微弱也能够实现母线区内故障与区外故障的准确判别。与现有工频量母线保护相比，积分型行波幅值比较式母线保护算法具有更快的反应速度，所需时窗极短，不受 CT 饱和影响。与现有行波保护算法相比，该算法不再局限于对行波波头的捕捉，即使降低采样率也能够实现，在应对小故障角故障方面也优于基于波头捕捉的行波保护。

1.5　本章小结

本章主要针对行波母线保护展开研究并结合仿真予以性能分析。行波母线保护采用故障初始行波首波头的幅值、极性等特征构建保护判据。保护具有抗 CT 饱和、不受过渡电阻、负荷电流、系统振荡等因素影响的优点，但是由于行波信号具有稍纵即逝、难以精确测量与捕捉的特点，行波母线保护的可靠性与快速性的矛盾难以调和。行波母线保护原理的共同优点是动作速度快，所需数据时窗短，但是电压过零点发生故障时没有暂态行波，容易导致行波保护失效，架空线路电压过零时发生故障的可能性比较低，但是母线的故障规律和线路不同，导线断裂、操作失误、外界异物短接母线等非常规故障占相当高的比例。电压过零点附近发生母线故障不能完全排除。行波母线保护进一步发展的最大障碍是缺乏装置设计开发和运行实践，至今尚没有投入运行的实例。行波保护原理的分析和计算基于的电力系统模型是相对简化的。变电站一次配电设备密集,母线电气连接拓扑复杂,导体和电磁场的分布不能像线路一样视为均匀对称,母线行波保护还要经受断路器分合闸操作、CT 饱和等各种暂态过程的考验。在这样复杂的环境中,行波的特征是否完全与原理的设想一致,行波母线保护的动作特性如何,都还有待于检验。

第 2 章　暂态量母线保护

母线行波保护的实现依赖于对故障初始行波的准确捕捉,一旦未能准确捕捉初始行波,保护就存在失效的可能。通过对故障信息的分析发现,可以考虑利用故障发生后一段时间内的暂态信息构成暂态量保护。暂态量母线保护相较于行波母线保护不但可以规避行波保护因初始行波波头未能捕捉带来的保护失效问题,而且对采样率的要求较低,可靠性高。本章主要对基于暂态量的母线保护原理进行研究并结合仿真予以性能分析。

2.1　基于含工频频带故障电流突变方向的母线保护

电流行波极性比较式母线保护原理简单,但依赖于行波波头的准确捕捉,对于高阻接地故障、小初始角故障等情况,行波信号微弱,可靠性难以保证,并且对硬件采样率等性能要求较高,增加了成本。若能找出故障电流起始阶段整体变化趋势方向与故障电流初始行波的波头极性之间的关系,则可利用故障电流起始阶段整体变化趋势方向代替故障初始行波的波头极性,从而形成可靠性较高且易于实现的母线保护。

假设图 1-3 所示仿真模型母线区外发生故障,故障点位于线路 L_2,故障距离为 70km,故障过渡电阻为 10Ω,故障初相角为 5°,采样率为 20kHz,母线侧互感器 CT1、CT2 和 CT3 所测含故障相的线模电流如图 2-1 所示。

由图 2-1 可知,在母线区外故障时,CT1、CT2 和 CT3 所测含故障的相线模电流整体变化趋势具有较为明显的方向一致性。而故障初始相角为 5°时,暂态过程的行波分量特征不明显,而衰减直流分量较为明显,CT1 和 CT2 测量计算得到的含故障相线模电流的初始行波首波头的极性与其电流起始阶段整体变化趋势方向相反。

假设图 1-3 所示仿真模型母线 M 发生故障,故障过渡电阻为 10Ω,故障初相角为 5°,采样率为 20kHz,母线侧互感器 CT1、CT2 和 CT3 所测含故障相的线模电流如图 2-2 所示。

实际中噪声的存在,可能使得电流行波首波头极性与其电流起始阶段整体变化趋势方向并不能严格满足以上的关系。根据小波消噪原理,小波分解每一层上故障信息奇异性不变,而噪声在小波分解的每一层不同,由此可知初始行波极性在小波分解每一层上极性相同。据此,可以利用含故障相线模电流的工频频带分量的突变方向来构成极性比较式母线保护。

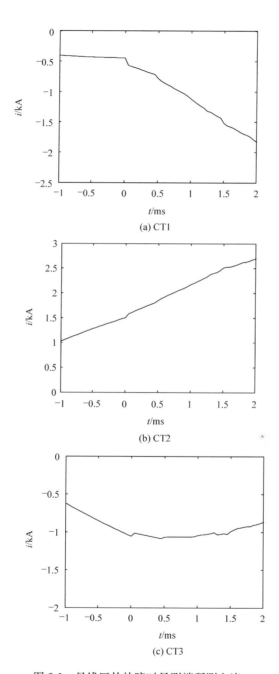

图 2-1 母线区外故障时量测端所测电流

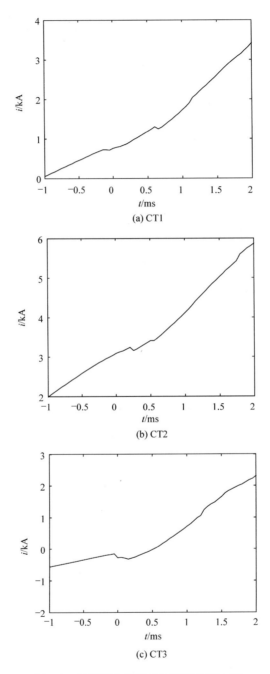

图 2-2　母线区内故障时量测端所测电流

利用 db4 小波对图 2-1 和图 2-2 所示电流波形进行小波变换,寻找工频成分所在低频频带,通过 7 层小波分解得到低频部分所在频带的频率范围为 0～78.125Hz。

由图 2-3 和图 2-4 可知,故障电流工频频带的突变方向可以代替故障初始行波极性构建基于故障电流突变方向的母线保护。由于工频量所在频带,故障行波的突变平缓,采用小波变换算法来提取极性,其阈值很难设定。基于此,对 $2\tau_{\min}$ 时窗内的数据进行直线拟合,构造直线方程 $y=at+b$,并利用直线斜率 a 的正负来表征故障初始行波含工频量频带的突变方向,如图 2-5 和图 2-6 所示。

定义当 $a_i>0$ 时,$P_{ai}=1$,$\bar{P}_{ai}=0$,当 $a_i<0$ 时,$P_{ai}=0$,$\bar{P}_{ai}=1$,则根据上面的分析可以推导得到基于故障电流突变方向的母线保护判别式 G_{M} 为

$$G_{\mathrm{M}} = \prod_{i=1}^{n} P_{ai} + \prod_{i=1}^{n} \bar{P}_{ai} \tag{2-1}$$

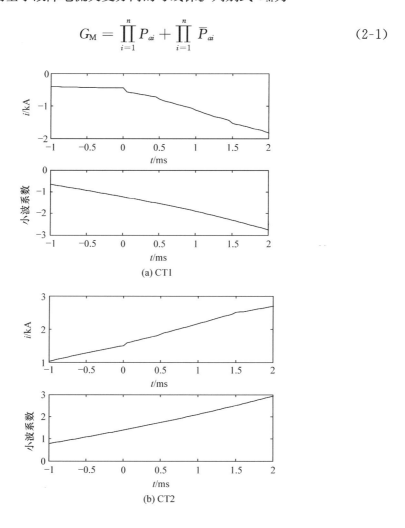

(a) CT1

(b) CT2

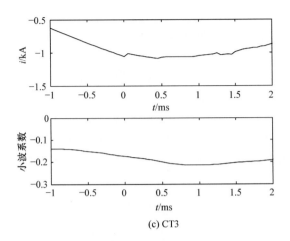

(c) CT3

图 2-3　母线区外故障时小波分解低频部分

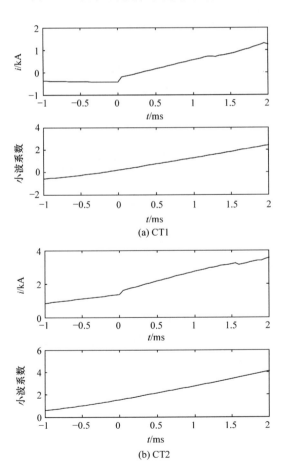

(a) CT1

(b) CT2

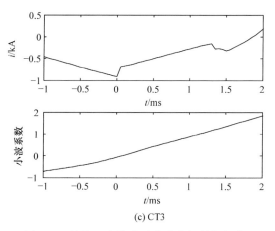

(c) CT3

图 2-4　母线区内故障时小波分解低频部分

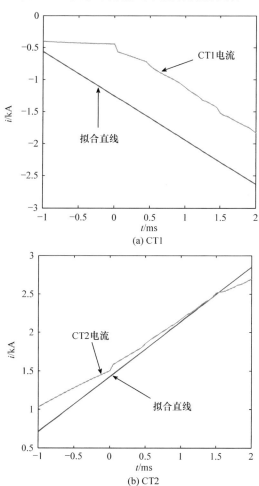

(a) CT1

(b) CT2

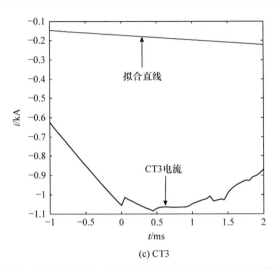

(c) CT3

图 2-5 母线区外故障情况下利用直线拟合刻画电流工频频带突变方向

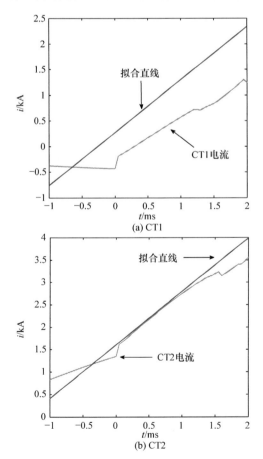

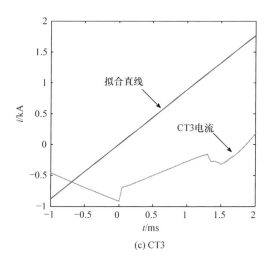

(c) CT3

图 2-6　母线区内故障情况下利用直线拟合刻画电流工频频带突变方向

若 $G_M = 1$，则判定为母线区内故障；若 $G_M = 0$，则判定为母线区外故障。定义 S 为将故障初始电流分解到工频频带得到的小波系数之和的绝对值，S_M 为母线 M 侧的小波系数之和的绝对值，S_N 为母线 N 侧的小波系数之和的绝对值，则 M 侧母线保护附加判据为

$$S_M \geqslant k S_N \tag{2-2}$$

式中，k 为可靠性系数，由母线电容大小决定，一般取 $k > 2$。

基于含工频频带故障电流突变方向的母线保护算法流程如图 2-7 所示。

根据图 2-7 所示保护算法流程，对多个故障仿真波形进行判别，所得结果如表 2-1 所示。

表 2-1　基于含工频频带故障电流突变方向的母线保护仿真计算示例

故障类型	母线 M 侧 G_M	母线 N 侧 G_M	判别结果
母线 M 发生金属性 AG 故障，故障初始角 20°	1	0	母线 M 故障
出线 L_1 发生 AG 故障，故障初始角 90°，过渡电阻 100Ω，故障距离 20km	0	0	母线区外故障
出线 L_2 发生 AG 故障，故障初始角 30°，过渡电阻 10Ω，故障距离 100km	0	0	
出线 L_3 发生金属性 AG 故障，故障初始角 10°，故障距离 185km	0	0	

由表 2-1 可知，无论故障角大小，基于含工频频带故障电流突变方向的母线保护都能够对母线区内故障与母线区外故障进行区分。与传统比相式工频量保护相

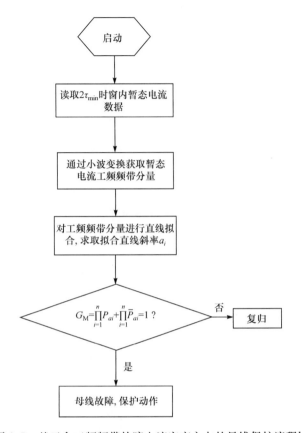

图 2-7　基于含工频频带故障电流突变方向的母线保护流程图

比,该保护算法利用短时窗电流工频频带成分的变化趋势构成保护判据,不存在受到故障稳态工频量相位可能相差较大导致误判的情况,与行波母线保护相比,保护可靠且对采样率要求低,但是时窗长度和起始时刻的选择会对工频频带拟合直线的斜率计算产生影响,若时窗选取不当可能造成保护失效。

2.2　基于电流小波系数相关分析的母线保护

在发生母线区内故障的情况下,发生故障的回路电流初始行波波头突变方向与其他回路电流初始行波波头突变方向相反,而在发生母线区外故障的情况下,各线路电流初始行波波头突变方向相同。在暂态量层面,难以捕捉到行波波头,但是依然可以利用此原理实现暂态量层面的母线保护。

设 r_{ij} 为线路 i 和线路 j 高频第一尺度小波系数的相对极性,有

$$r_{ij} = \mathrm{sgn}\left[\sum_{k=1}^{n} d_{1i}(k) \cdot d_{1j}(k) \right] \qquad (2\text{-}3)$$

式中，n 为小波基长度；d_{1i} 和 d_{1j} 表示第 i、j 条线路的线模电流第一尺度小波系数，$i=1,2,\cdots,n;j=1,2,\cdots,n$。$r_{ij}$ 表示 d_{1i} 和 d_{1j} 相关系数极性，$r_{ij}=1$ 表示 d_{1i} 和 d_{1j} 相位相同，$r_{ij}=-1$ 表示 d_{1i} 和 d_{1j} 相位相反。根据式(2-3)得到矩阵 $\boldsymbol{R}$：

$$\boldsymbol{R} = \begin{bmatrix} r_{11} & r_{12} & \cdots & r_{1n} \\ r_{21} & r_{22} & \cdots & r_{2n} \\ \vdots & \vdots & & \vdots \\ r_{n1} & r_{n2} & \cdots & r_{m} \end{bmatrix} \qquad (2\text{-}4)$$

矩阵 $\boldsymbol{R}$ 中对角线元素均为 1，非对角线的各元素为各条馈线第一尺度小波系数的两两极性比较结果。若矩阵 $\boldsymbol{R}$ 中各行元素均为 1，则为母线区内故障，若矩阵 $\boldsymbol{R}$ 中各行元素出现 -1，则为母线区外故障。保护流程图如图 2-8 所示。

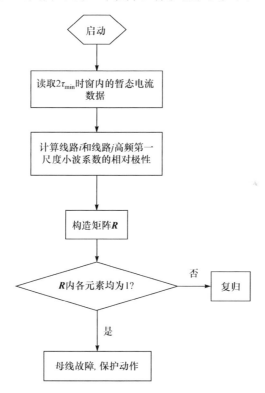

图 2-8　基于电流小波系数相关分析的母线保护流程图

为便于分析，现假设图 1-3 的仿真模型中，母线 M 发生接地故障，对母线上各线路所测电流的小波分解第一尺度模极大值如图 2-9 所示，小波分解的结果都经过归一化处理。设图 1-3 所示仿真模型中，母线区外发生金属性单相接地故障，故

障点位于线路 L_1，距离母线 M 为 120km，故障初始角为 90°，母线 M 上各量测点所测电流的小波分解第一尺度模极大值如图 2-10 所示，小波分解的结果都经过归一化处理。

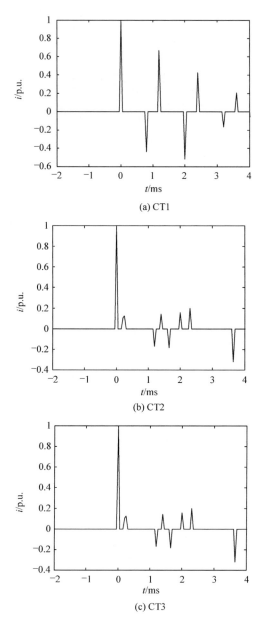

(a) CT1

(b) CT2

(c) CT3

图 2-9　母线区内故障情况各量测点电流小波分解第一尺度结果比较

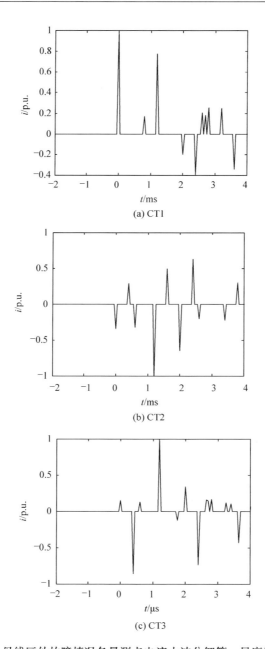

(a) CT1

(b) CT2

(c) CT3

图 2-10 母线区外故障情况各量测点电流小波分解第一尺度结果比较

由图 2-9 与图 2-10 可知,在发生母线区内故障时,各回路的电流突变极性相同,矩阵 $\boldsymbol{R}$ 内所有元素均为 1,而在发生母线区外故障时,发生故障的回路电流突变极性与其他线路相反,据此,可以对母线区内故障与区外故障进行区分。根据图 2-8 所示保护算法流程,对多个故障仿真波形进行判别,所得结果如表 2-2 所示。

表 2-2　基于电流小波系数相关分析的母线保护仿真计算示例

故障类型	母线 M 侧 $\boldsymbol{R}$	母线 N 侧 $\boldsymbol{R}$	判别结果
母线 M 发生金属性 AG 故障,故障初始角 90°	$\begin{bmatrix} 1 & 1 & 1 \\ 1 & 1 & 1 \\ 1 & 1 & 1 \end{bmatrix}$	$\begin{bmatrix} 1 & -1 & -1 \\ -1 & 1 & 1 \\ -1 & 1 & 1 \end{bmatrix}$	母线 M 故障
出线 L_1 发生 AG 故障,故障初始角 90°,过渡电阻 100Ω,故障距离 20km	$\begin{bmatrix} 1 & -1 & -1 \\ -1 & 1 & 1 \\ -1 & 1 & 1 \end{bmatrix}$	$\begin{bmatrix} 1 & -1 & -1 \\ -1 & 1 & 1 \\ -1 & 1 & 1 \end{bmatrix}$	母线区外故障
出线 L_2 发生 AG 故障,故障初始角 30°,过渡电阻 10Ω,故障距离 100km	$\begin{bmatrix} 1 & -1 & -1 \\ -1 & 1 & -1 \\ 1 & -1 & 1 \end{bmatrix}$	$\begin{bmatrix} 1 & -1 & -1 \\ -1 & 1 & -1 \\ 1 & -1 & 1 \end{bmatrix}$	
出线 L_3 发生金属性 AG 故障,故障初始角 10°,故障距离 185km	$\begin{bmatrix} 1 & 1 & -1 \\ 1 & 1 & 1 \\ -1 & -1 & 1 \end{bmatrix}$	$\begin{bmatrix} 1 & 1 & -1 \\ 1 & 1 & 1 \\ -1 & -1 & 1 \end{bmatrix}$	

由表 2-2 可知,无论故障角大小,基于电流小波系数相关分析的母线保护都能够对母线区内故障与区外故障进行区分。与行波母线保护相比,基于电流小波系数相关分析的母线保护不是对波头极性进行检测,而是对一段波形的相关性进行比较,对高阻、小故障角等行波波头不明显的故障有较强适应性,与传统工频量母线保护相比,其所需时窗短,不会受到 CT 饱和、稳态故障工频量相角等因素影响,且对采样率要求不高,实现难度较小。

2.3　基于 S 变换的母线保护

故障行波波头的幅值和频率的突变,也体现在信号经 S 变换后得到的矩阵中,求取含故障相的各线路线模电流进行 S 变换,则电流行波突变点包含的高频分量集中体现在 S 变换幅值矩阵频率较高的行中,且 S 变换辐角矩阵的各个元素隐含着信号在各频率、不同时刻的辐角信息,比较 S 变换所得结果的极性,即可判断故障是否为母线故障。

S 变换是一种可逆的局部时频分析方法,其思想是对连续小波变换和短时傅里叶变换的发展。离散信号 $x[k]$ 的 S 变换 $S[m,n]$ 定义如下：

$$S[m,n] = \sum_{k=0}^{N-1} X[n+k] \mathrm{e}^{-2\pi^2 k^2/n^2} \mathrm{e}^{\mathrm{j}2\pi km/N}, \quad n \neq 0 \tag{2-5}$$

$$S[m,n] = \frac{1}{N} \sum_{k=0}^{N-1} x[k], \quad n = 0 \tag{2-6}$$

式中

$$X[n] = \frac{1}{N} \sum_{k=0}^{N-1} x[k] \mathrm{e}^{-\mathrm{j}2\pi kn/N} \tag{2-7}$$

对含故障相的各线路线模电流进行 S 变换，求 S 变换复数矩阵中各元素的辐角，该辐角反映了电流在某一频率 f_n、某一时刻 t_s 的辐角大小。各线路线模电流的 S 变换辐角矩阵中，最高频率分量在故障初瞬的辐角大小体现了故障电流行波暂态量在故障初瞬的相位关系。现设求取线路 L_i 的线模电流最高频率分量在行波到达时刻的辐角 $\theta_i(i=1,2,\cdots,h)$，h 为与母线相连的线路总数，则根据式（2-8）可计算线路 L_i 线模电流与其余线路电流的辐角差 θ_{ij} 为

$$\theta_{ij} = \begin{cases} |\theta_i - \theta_j|, & |\theta_i - \theta_j| \leqslant 180° \\ 360° - |\theta_i - \theta_j|, & |\theta_i - \theta_j| > 180° \end{cases} \tag{2-8}$$

式中，$i=1,2,\cdots,h; j=1,2,\cdots,h$。

根据线模电流高频分量在故障初瞬的相位关系，考虑各种不确定因素，留有 $30°$ 的裕度，可构建母线保护判据：

(1) 若 $\sum_{i=1}^{n} \sum_{j=1}^{n} \theta_{ij} \leqslant 150°, i=1,2,\cdots,h$ 成立，则为母线区内故障；

(2) 若 $\sum_{i=1}^{n} \sum_{j=1}^{n} \theta_{ij} > 150°, i=1,2,\cdots,h$ 成立，则为母线区外故障。

基于上述选线原理和判据，实现母线区内故障与区外故障的流程图如图 2-11 所示。

为简化分析过程，以图 1-3 所示仿真模型为例，采样频率为 10kHz。设母线 M 处发生 AG 故障，过渡电阻为 10Ω，故障初始相角为 $90°$。对各线路的暂态波形进行 S 变换，提取行波首浪涌部分的辐角信息，各条线路之间线模电流的辐角差 θ_{ij} 如图 2-12 所示。

假设图 1-3 所示的仿真系统模型中，线路 L_2 在 120km 处发生 AG 故障，过渡电阻为 10Ω，故障初始相角为 $10°$。对各线路的暂态波形进行 S 变换，提取行波首浪涌部分的辐角信息，各条线路线模电流的辐角差 θ_{ij} 如图 2-13 所示。

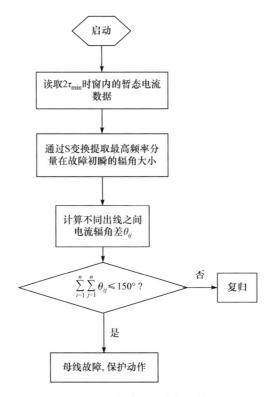

图 2-11　S变换辐角检测母线保护算法流程图

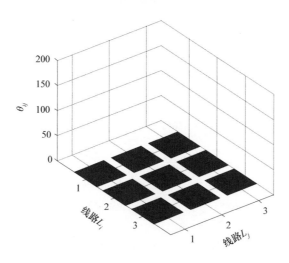

图 2-12　母线区内故障各条馈线之间辐角差

母线区内故障时,各回路所测线模电流突变点对应的幅角分别为:$\theta_1 = 180°$,$\theta_2 = 180°$,$\theta_3 = 180°$。母线区外故障时,各回路所测线模电流突变点对应的幅角分别为:$\theta_1 = 180°$,$\theta_2 = 0°$,$\theta_3 = 180°$。利用式(2-8)可以对母线区内故障与区外故障进行区分。根据图 2-11 所示保护算法流程,对多个故障仿真波形进行判别,所得结果如表 2-3 所示。

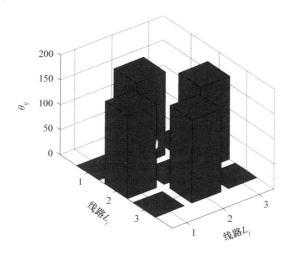

图 2-13　母线区外故障各条馈线之间辐角差

表 2-3　基于 S 变换的母线保护仿真计算示例

故障类型	母线 M 侧 $\sum_{i=1}^{n} \sum_{j=1}^{n} \theta_{ij}$	母线 N 侧 $\sum_{i=1}^{n} \sum_{j=1}^{n} \theta_{ij}$	判别结果
母线 M 发生金属性 AG 故障,故障初始角 20°	0°	0°	母线 M 故障
出线 L_1 发生 AG 故障,故障初始角 90°, 过渡电阻 100Ω,故障距离 20km	720.1°	720.1°	
出线 L_2 发生 AG 故障,故障初始角 30°, 过渡电阻 10Ω,故障距离 100km	720°	720°	母线区外故障
出线 L_3 发生金属性 AG 故障,故障初始角 10°, 故障距离 185km	720°	720°	

由表 2-3 可知,基于 S 变换的母线保护将母线所连回路的电流变化方向通过特定频率分量的辐角特性进行刻画,可以对母线区内故障与区外故障进行区分,与比相式工频量母线保护相比,该算法无须提取故障工频量电流相位信息,其所需时窗短,不会受到 CT 饱和、稳态故障工频量相角等因素影响,且对采样率要求不高,随着技术的发展有可能在工程中实现。

2.4　基于 SOD 的暂态量极性比较式母线保护

在离散数据分析中可能会出现这种情况:某个关于 j 的变量,如 Q_j,不仅取决于 Q_{j-1},而且取决于 Q_{j-2},这样便引出了二阶差分方程,依次类推,如果还取决于 Q_{j-3},则引出三阶差分方程。以二阶差分为例,二阶差分是一个包含表达式 $\Delta^2 Q_j$,但不包含高于二阶差分的方程。$\Delta^2 Q_j$ 为 Q_j 的二阶差分,符号 Δ^2 是 $\mathrm{d}^2 y/\mathrm{d}t^2$ 在离散数据情况下的对应物,表示"取二阶差分",如式(2-9)所示:

$$\Delta^2 Q_j = \Delta(\Delta Q_j) = \Delta(Q_j - Q_{j-1}) = Q_j - 2Q_{j-1} + Q_{j-2} \tag{2-9}$$

因此,Q_j 的二阶差分转换为包含两期时滞项的和。类似地,三阶差分方程为包含三期时滞项的和。

当差分阶次为 m 次时,定义为 SOD,差分阶数越高,得到结果越能反映信号的高频暂态量的特征及其突变方向,描述为

$$S_m(n) = \sum_{j=1}^{j=m+1} (-1)^{j+1} (c_j)_m Q(n-j+1) \tag{2-10}$$

式中,m 为差分的阶数;$S_m(n)$ 为信号的 m 阶差分;$Q(n)$ 为原始故障信号;$(c_j)_m$ 为 SOD 变换系数,描述如下:

(1) SOD 变换的第一个系数和最后一个系数相等,都为 1。

(2) SOD 变换的第二个系数为 SOD 变换的阶数。

(3) SOD 变换的其他系数可通过式(2-10)计算。

具体地,$(c_j)_m$ 的系数的取值为

$$(c_1)_m = (c_{m+1})_m = 1$$

$$(c_2)_m = m$$

$$(c_2)_m = (c_j)_{m-1} + (c_{j-1})_{m-1}$$

$$\sum (-1)^{j+1} (c_j)_m = 0$$

高阶差分 SOD 变换如下。

一阶差分 SOD 变换:

$$S_1(n) = Q(n) - Q(n-1) \tag{2-11}$$

二阶差分 SOD 变换:

$$S_2(n) = Q(n) - 2Q(n-1) + Q(n-2) \tag{2-12}$$

三阶差分 SOD 变换：

$$S_3(n) = Q(n) - 3Q(n-1) + 3Q(n-2) - Q(n-3) \tag{2-13}$$

四阶差分 SOD 变换：

$$S_4(n) = Q(n) - 4Q(n-1) + 6Q(n-2) - 4Q(n-3) + Q(n-4) \tag{2-14}$$

当发生母线区外故障时，发生故障的回路与其他回路的初始电流行波突变方向相反，故可以利用母线电压与各回路上电流在突变方向上是否一致作为母线保护的判据。建立式(2-14)所示四阶 SOD 变换。

对母线 M 上所测电压和各回路电流暂态波形分别进行四阶 SOD 变换，获取 $Su(n)$ 和 $Si(n)$，并由其构成行波极性比较式方向保护，保护判别式为

$$SP(n) = Su(n) \times Si(n) \tag{2-15}$$

对母线 M 和母线 N 的线模电压和线模电流进行 SOD 变换，获取 $Su_{Mk}(n)$、$Su_{Nk}(n)$、$Si_{Mk}(n)$ 和 $Si_{Nk}(n)$（$k = 1, 2, \cdots, K$，对应第 k 个与母线相连的回路），并根据式(2-10)计算 $SP_{Mk}(n)$ 和 $SP_{Nk}(n)$，利用 $SP_{Mk}(n)$ 和 $SP_{Nk}(n)$ 的极性判断故障是否为母线故障。

区分母线区内故障与区外故障的判据可写为

$$\text{若} \left| \sum_{k=1}^{K} \text{sgn}(SP_k) \right| < K，\text{则判为母线区外故障} \tag{2-16}$$

$$\text{若} \left| \sum_{k=1}^{K} \text{sgn}(SP_k) \right| = K，\text{则判为母线区内故障} \tag{2-17}$$

式中，sgn 为符号函数；SP_k 为母线上第 k 个 CT 与母线电压互感器计算所得 SP；K 为与母线相连 CT 的个数。在发生母线区外故障的情况下，发生故障的线路与非故障线路计算所得 SP_k 极性相反，$\left| \sum_{k=1}^{N} \text{sgn}(SP_k) \right|$ 所得结果满足式(2-16)。在发生母线故障的情况下，所有与母线相连的 CT 计算所得 SP_k 极性相同，$\left| \sum_{k=1}^{N} \text{sgn}(SP_k) \right|$ 的大小为 N，可准确判为母线区内故障。

基于上述选线原理和判据，实现母线区内故障与区外故障的辨识步骤如图 2-14 所示。

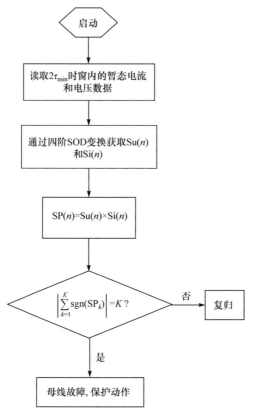

图 2-14 基于 SOD 的暂态量极性比较式母线保护流程图

假设图 1-3 所示仿真模型中,母线 M 发生金属性单相接地故障,故障初始角为 90°,为简化,此处只列出线路上各量测点所测电流与计算得到的 SP 如图 2-15 所示。假设图 1-3 所示仿真模型中,线路 L_1 在距离母线 M 处 70km 处发生金属性单相接地故障,故障初始角为 90°,母线 M 上各量测点所测电流与计算得到的 SP 如图 2-16 所示。

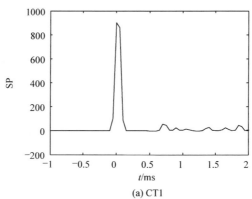

(a) CT1

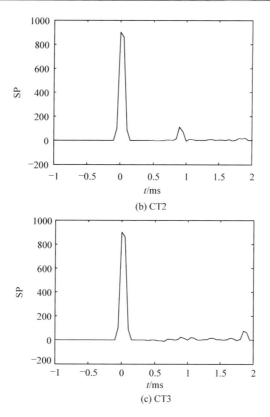

(b) CT2

(c) CT3

图 2-15　母线区内故障情况计算所得 SP

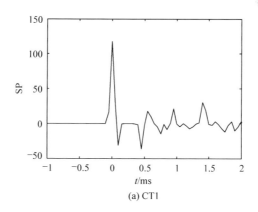

(a) CT1

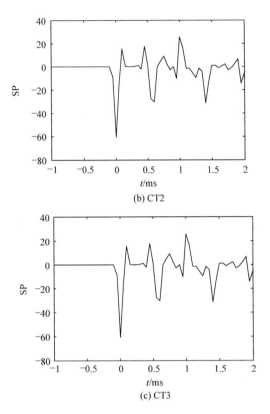

(b) CT2

(c) CT3

图 2-16 母线区外故障情况计算所得 SP

SOD 变换凸显的是行波浪涌变化方向，在暂态量层面上，虽然没有捕捉到行波波头，但是行波浪涌引起的电流突变方向与行波层面相同。发生母线区内故障时，母线上各量测点所测电流的突变方向相同，由图 2-15 可知，由 SOD 变换计算所得 SP 的极性也相同。而发生母线区外故障时，由图 2-16 可知，经过 SOD 变换后，不同线路计算所得 SP 的极性存在差异。根据图 2-14 所示保护算法流程，对多个故障仿真波形进行判别，所得结果如表 2-4 所示。

表 2-4 基于 SOD 的暂态量极性比较式保护仿真计算示例

故障类型	母线 M 侧 $\left\lvert\sum_{k=1}^{N}\mathrm{sgn}(\mathrm{SP}_k)\right\rvert$	母线 N 侧 $\left\lvert\sum_{k=1}^{N}\mathrm{sgn}(\mathrm{SP}_k)\right\rvert$	判别结果
母线 M 发生金属性 AG 故障，故障初始角90°	3	2	母线 M 故障

故障类型	母线 M 侧 $\left\|\sum_{k=1}^{N}\mathrm{sgn}(\mathrm{SP}_k)\right\|$	母线 N 侧 $\left\|\sum_{k=1}^{N}\mathrm{sgn}(\mathrm{SP}_k)\right\|$	判别结果
出线 L_1 发生 AG 故障,故障初始角 90°, 过渡电阻 100Ω,故障距离 20km	2	2	母线区外故障
出线 L_2 发生 AG 故障,故障初始角 30°, 过渡电阻 10Ω,故障距离 100km	2	2	
出线 L_3 发生金属性 AG 故障,故障初始角 10°, 故障距离 185km	2	2	

由表 2-4 可知,基于 SOD 的暂态量极性比较式母线保护能够准确地提取电流变化极性特征,实现对母线区内故障与区外故障有效区分。与传统工频量母线保护相比,要求采样率略高,但是,无须提取工频量幅值或相位信息,不受工频电流相位或 CT 饱和影响,且计算简单,实现难度低,在工程上应用可能性大。

2.5　基于电压电流短时窗小波系数相关分析的母线保护

当发生母线区外故障时,发生故障的出线与其他出线的电流行波突变方向相反,当发生母线区内故障时,发生故障的出线与母线相连的 CT 所测电流行波突变方向相反。电压行波突变方向与其传播方向无关,故可以利用母线电压与各条线路上电流在突变方向上是否相反作为母线保护的判据。在发生故障时,对母线电压和与母线相连 CT 所测电流进行小波分解,小波基函数为 db4,分别将各 CT 所测电流的小波分解第一尺度结果与母线电压的小波分解第一尺度结果进行相关分析,比较相关分析所得结果的极性,进而判断故障是否为母线区内故障,辨识步骤如图 2-17 所示。

设图 1-3 所示仿真模型中,母线 M 发生接地故障,对母线上各线路电流的小波分解第一尺度结果 d_{i1} 与母线电压小波分解第一尺度结果 d_{u1} 的比较如图 2-18 所示,小波分解的结果都经过归一化处理。假设图 1-3 所示仿真模型中,线路 L_1 在距离母线 M 70km 处发生金属性单相接地故障,故障初始角为 90°,母线 M 上各线路所测电流的小波分解第一尺度结果 d_{i1} 与母线电压小波分解第一尺度结果 d_{u1} 的比较如图 2-19 所示,小波分解的结果都经过归一化处理。

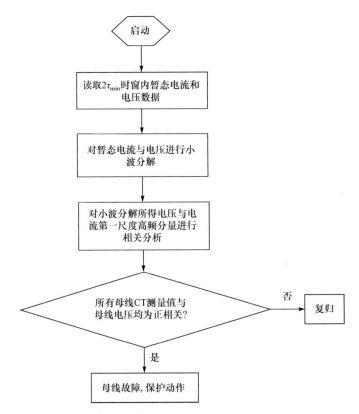

图 2-17 基于电压电流短时窗小波系数相关分析的母线保护流程图

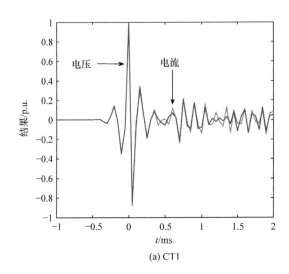

(a) CT1

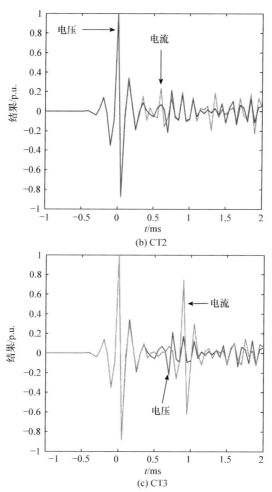

(b) CT2

(c) CT3

图 2-18　母线区内故障情况各量测点电流与电压小波分解第一尺度结果比较

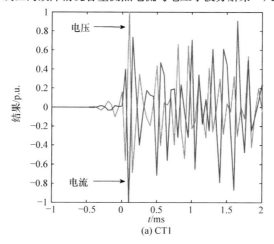

(a) CT1

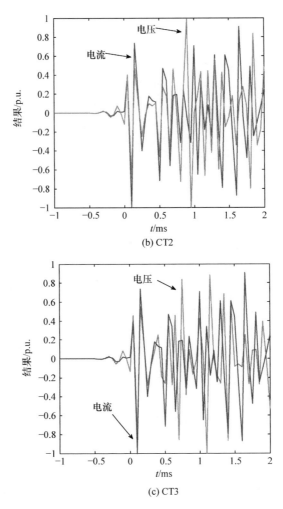

图 2-19　母线区外故障情况各量测点电流与电压小波分解第一尺度结果比较

由图 2-18 与图 2-19 可知,在发生母线故障时,母线 CT 所测的电流行波浪涌极性相同,各条出线电流的小波分解第一尺度结果与母线电压的小波分解第一尺度都呈正相关,取故障后 $2\tau_{\min}$ 的数据计算相关系数,相关系数 $r_{u,i}$ 都为 0.9993。发生母线区外故障时,因发生故障的回路与其他回路电流行波浪涌的极性相反,发生故障的回路电流小波分解第一尺度结果与母线电压的小波分解第一尺度结果呈负相关,相关系数 $r_{u,i}$ 为 -0.9811,而未发生故障的回路电流小波分解第一尺度结果与母线电压的小波分解第一尺度结果呈正相关,相关系数 $r_{u,i}$ 分别为 0.9802 和 0.9796。

根据图 2-17 所示保护算法流程,对多个故障仿真波形进行判别,所得结果如

表 2-5 所示。

表 2-5　基于电压电流短时窗小波系数相关分析的母线保护仿真计算示例

故障类型	母线 M 侧 $r_{u,i}$	母线 N 侧 $r_{u,i}$	判别结果
母线 M 发生金属性 AG 故障,故障初始角 20°	(0.9993, 0.9993, 0.9993)	(0.9993, 0.9993, 0.9993)	母线 M 故障
出线 L_1 发生 AG 故障,故障初始角 90°,过渡电阻 100Ω,故障距离 20km	(−0.9744, 0.9931, 0.9902)	(−0.9734, 0.9927, 0.9896)	母线区外故障
出线 L_2 发生 AG 故障,故障初始角 30°,过渡电阻 10Ω,故障距离 100km	(0.9815, −0.9752, 0.9801)	(0.9811, −0.9735, 0.9789)	
出线 L_3 发生金属性 AG 故障,故障初始角 10°,故障距离 185km	(0.9857, 0.9748, −0.9814)	(0.9860, 0.9752, −0.9804)	

由表 2-5 可知,基于电压电流短时窗小波系数相关分析的母线保护能够有效利用电压与电流的极性相关性,通过使用小波变换高频分量,剔除了小故障角情况下工频分量影响,在母线故障时能够准确反映母线上电压与各分支电流之间的正相关特点,在母线区外故障时能够准确反映电压与电流之间的负相关性,实现对母线区内故障与区外故障的有效区分。与传统工频量母线保护相比,加入了短时窗电压量,对过渡电阻、小故障角有较强适应性,但是由于使用了电压量,可能会受到 CVT 传变特性导致的后续振荡影响。

2.6　基于方向行波原理的暂态量母线保护

1.4 节所述积分型行波幅值比较式母线保护是根据正向行波与反向行波的积分值进行比较所构成的行波保护,对采样率要求较高。由图 1-16 的网格图可知,在母线区外故障情况下,当初始故障行波浪涌到达量测点时,发生故障的线路上会同时检测到正向行波与反向行波,而在其他线路上只会检测到正向行波。在母线故障情况下,在对端母线反射波到达量测点之前,所有线路上都只能检测到正向行波。在线路上能否检测到反向行波与线路末端的反射波是否到达量测点有关,故在线路末端的反射波到达量测点之前,即使降低采样率,也不能检测到反向行波,但是依然能够正常检测到正向行波。

假设图 1-3 所示仿真模型线路 L_2 发生 A 相金属性接地故障,故障初始角为 90°,故障距离为 120km,仿真采样率为 20kHz,母线区外故障时计算所得各线路上正向行波 $u^+(t)$ 与反向行波 $u^-(t)$ 如图 2-20 所示。

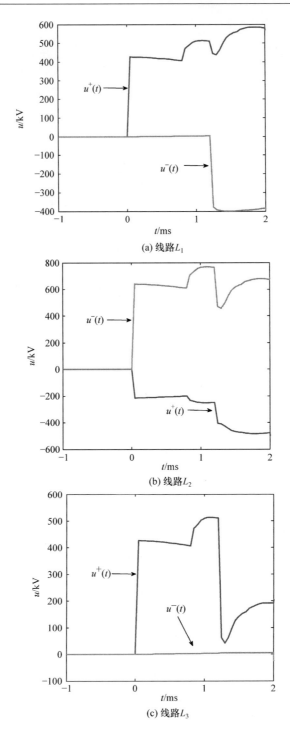

(a) 线路L_1

(b) 线路L_2

(c) 线路L_3

图 2-20　母线区外故障时各回出线的含故障相线模量的行波波形图

　　由图 2-20 可知,当发生母线区外故障时,发生故障的线路上能够同时观测到正向行波与反向行波,正向行波与反向行波与 0 轴围成的面积基本相同,而其他未发生故障的线路上在短时窗内只能观测到由故障点传播过来的正向行波,故测得的反向行波基本为零,而正向行波不为零。

　　假设图 1-3 所示仿真模型发生母线接地故障,故障电阻为 10Ω,故障初始角为 $90°$,计算所得线模正向行波与反向行波如图 2-21 所示。

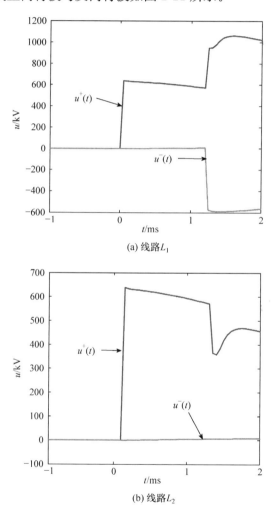

(a) 线路 L_1

(b) 线路 L_2

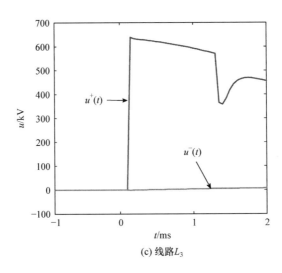

(c) 线路 L_3

图 2-21　母线区内故障时各回出线的含故障相线模量的行波波形图

由图 2-21 可以看出,当发生母线区内故障时,在最短线路 L_1 上能够较早地观测到线路末端反射波,在线路末端反射波到达量测点之前,所有出线上测得的反向行波基本为零,而正向行波不为零。对多个故障仿真波形进行判别,所得结果如表 2-6 所示。

表 2-6　基于方向行波原理的暂态量母线保护仿真计算示例

故障类型	母线 M 侧 λ	母线 N 侧 λ	判别结果
母线 M 发生金属性 AG 故障,故障初始角 20°	(0.9993, 0.9993, 0.9993)	(0.9993, 0.9993, 0.9993)	母线 M 故障
出线 L_1 发生 AG 故障,故障初始角 90°,过渡电阻 100Ω,故障距离 20km	(−0.9744, 0.9931, 0.9902)	(−0.9734, 0.9927, 0.9896)	母线区外故障
出线 L_2 发生 AG 故障,故障初始角 30°,过渡电阻 10Ω,故障距离 100km	(0.9815, −0.9752, 0.9801)	(0.9811, −0.9735, 0.9789)	
出线 L_3 发生金属性 AG 故障,故障初始角 10°,故障距离 185km	(0.9857, 0.9748, −0.9814)	(0.9860, 0.9752, −0.9804)	

由表 2-6 可知,基于方向行波原理的暂态量母线保护的母线保护能够有效利用电压与电流的极性相关性,通过使用小波变换高频分量,剔除了小故障角情况下工频分量影响,在母线故障时能够准确反映母线上电压与各分支电流之间的正相关特点,在母线区外故障时能够准确反映电压与电流之间的负相关性,实现了对母线区内故障与区外故障的有效区分。与传统工频量母线保护相比,基于方向行波原理的暂态量母线保护需要对电压进行测量,但是无须进行频域分析,所需时窗较

短,可行性高。但是该方法在母线直接与变压器相连的情况下无法对变压器所连回路进行区内故障与区外故障的判别。

2.7　基于测后模拟的暂态量母线保护

前文所述的无论是行波母线保护还是暂态量母线保护都主要利用的是在母线区内故障、区外故障条件下的电压、电流极性关系和幅值大小特征的不同来构建保护判据,而基于测后模拟的暂态量母线保护从保护思想上都与其大不相同。

在电网正常运行情况下,母线上所连回路都可视为一参数固定的等效电路模型,保护安装处所测电压与电流之间的关系式满足此等效电路模型。当母线发生故障时,母线上所连回路的结构并未受到影响,各回路的电路模型与故障前相同,保护安装处所测电压与电流之间的关系式依然满足此电路模型。而当母线所连回路发生故障,即母线区外故障时,母线所连回路中至少有一个回路因故障而造成等效电路模型结构或参数发生不可忽略的变化,保护安装处所测电压与电流将无法满足正常运行状态下的关系式。据此,可以构造基于测后模拟的暂态量母线保护。该方法本质上属于一种电路模型(含其参数)匹配方法,其计算简单,可以利用相关分析等易于实现的相关性处理方法进行在线处理,有极高的应用价值。

以单母线故障为例进行说明,设母线 M 上有 n 条支路,电流以母线流向线路的方向为正。正常运行时电路模型如图 2-22 所示。

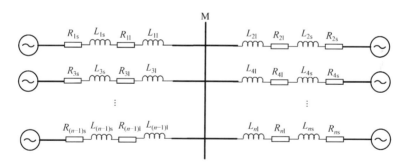

图 2-22　母线正常运行状态

图 2-22 中,$R_{is}(i=1,2,\cdots,n)$分别为各条支路的系统阻抗的电阻分量,$L_{is}(i=1,2,\cdots,n)$分别为各条支路的系统阻抗的电感分量;$R_{il}(i=1,2,\cdots,n)$分别为各条支路的线路阻抗的电阻分量,$L_{il}(i=1,2,\cdots,n)$分别为各条支路的线路阻抗的电感分量。

若母线发生故障,其故障附加状态如图 2-23 所示。定义 Δu 为母线上的 α 模量故障分量电压,$\Delta i_j(j=1,2,\cdots,n)$分别为与母线相连的各回出线上流过的 α 模量故障分量电流，$\Delta i = \sum\limits_{j=1}^{n} \Delta i_j$ 为母线保护的差动电流。

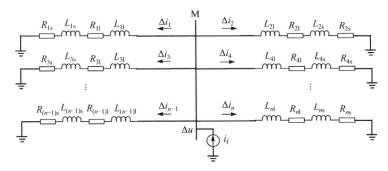

图 2-23　单母线故障时故障附加状态

假设图 2-23 中各回出线的阻抗的阻抗角近似相等，且差动电流 Δi 在各回出线上的分支系数 $k_j (j = 1, 2, \cdots, n)$ 为实数，则母线故障时故障附加状态可等效为图 2-24 所示电路。

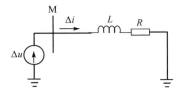

图 2-24　母线故障附加状态网络图

由图 2-24 知，母线发生故障时的故障附加网络可近似等效为一个 RL 电路模型：

$$\Delta u = R \Delta i + L \frac{\mathrm{d}\Delta i}{\mathrm{d}t} \tag{2-18}$$

式中，$R = \dfrac{1}{n} \sum\limits_{j=1}^{n} k_j (R_{js} + R_{jl})$；$L = \dfrac{1}{n} \sum\limits_{j=1}^{n} k_j (L_{js} + L_{jl})$，$k_j (j = 1, 2, \cdots, n)$ 为差动电流 Δi 在各回出线上的分支系数。

若母线发生区外故障，其故障附加状态如图 2-25 所示。从图可知，母线区外故障时的故障附加网络不能等效成 RL 模型。

定义母线处含故障相线模量的故障分量电压波形与测量电压波形分别是 $\Delta u(k)$ 和 $\Delta \bar{u}(k)$，根据式(2-19)计算 $\Delta u(k)$ 和 $\Delta \bar{u}(k)$ 的波形相关系数后，可进行下一步的故障判别。

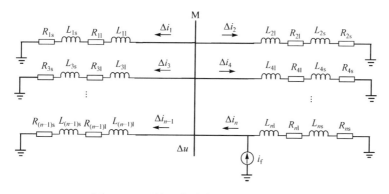

图 2-25 母线区外故障时故障附加状态

$$\rho = \frac{\sum\limits_{k=0}^{N-1} \Delta u(k)\,\Delta \bar{u}(k)}{\sqrt{\sum\limits_{k=0}^{N-1} \Delta u^2(k) \sum\limits_{k=0}^{N-1} \Delta \bar{u}^2(k)}} \qquad (2\text{-}19)$$

式(2-19)用相关分析考察两个信号的相似性,ρ 的取值范围为 $[-1,+1]$。$+1$ 表示信号 $\Delta u(k)$ 和 $\Delta \bar{u}(k)$ 的相位相同、波形完全一样,即正相关;-1 表示两个信号波形一样但相位正好相反,即负相关;0 表示两个信号不相关;ρ 越大,两个信号波形越相似。母线区内故障时,母线处含故障相线模量的故障分量电压波形与测量电压极性相同,波形相似,ρ 较大,接近于 1;母线区外故障时,母线处含故障相线模量的故障分量电压波形与测量电压极性相反,波形也近似相反,ρ 为负值。设阈值 $\rho_{set} = -0.02$,则测后模拟母线保护的动作判据为

若 $\rho > \rho_{set}$, 则判为母线区内故障   (2-20a)

若 $\rho \leqslant \rho_{set}$, 则判为母线区外故障   (2-20b)

若满足式(2-20a),判为母线区内故障,否则判为母线区外故障。对于双母线接线形式、3/2 母线接线形式,也可以通过判断母线处含故障相线模量的模拟故障分量电压波形和测量故障分量电压波形的相关系数来区分是否为母线区内故障,若该相关系数满足 $\rho > \rho_{set}$,则为母线区内故障,不满足则为母线区外故障。

实现母线区内故障与区外故障的辨识步骤如图 2-26 所示。

以图 1-3 所示系统为例,采样频率为 20kHz,设 F_1 点、F_2 点为 AG 故障,F_2 点距母线 70km,故障电阻为 10Ω,故障初始角为 90°,采用 Karenbauer 相模变换矩阵进行解耦,线模测量电压波形和模拟电压波形如图 2-27 所示。

根据图 2-26 所示保护算法流程,对多个故障仿真波形进行判别,所得结果如表 2-7 所示。

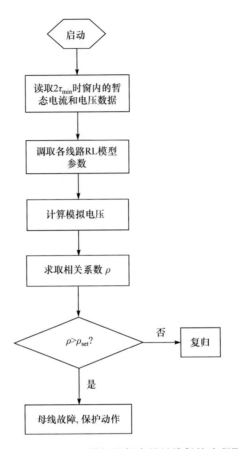

图 2-26　基于测后模拟的暂态量母线保护流程图

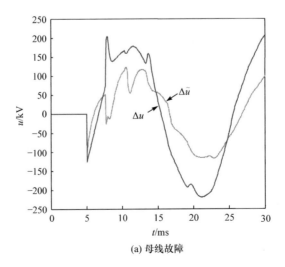

(a) 母线故障

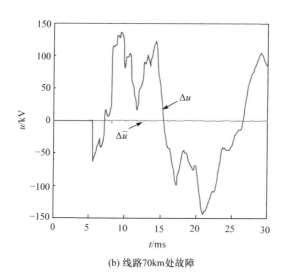

(b) 线路70km处故障

图 2-27　测量电压和模拟电压波形图

表 2-7　基于测后模拟的暂态量母线保护仿真计算示例

故障类型	ρ	判别结果
母线 M 发生金属性 AG 故障，故障初始角20°	0.6431	母线 M 故障
出线 L_1 发生 AG 故障，故障初始角90°，过渡电阻100Ω，故障距离 20km	−0.7273	
出线 L_2 发生 AG 故障，故障初始角30°，过渡电阻10Ω，故障距离 100km	−0.8246	母线区外故障
出线 L_3 发生金属性 AG 故障，故障初始角10°，故障距离 185km	−0.4471	

由表 2-7 可知,基于测后模拟的母线保护算法能够通过辨识电压与电流之间的关系是否满足于完整线路模型,利用测量电压与模拟电压之间的相似程度判别母线发生区内故障还是区外故障。与行波母线保护相比,对故障角与过渡电阻大小有较好的适应性,无须对具体波形的相角与幅值进行比较。与传统工频量母线保护相比,能够避免 CT 饱和、故障工频电流相角影响,仅涉及差分等简单运算,便于工程实现,在实际工程中存在应用可行性。

2.8　本章小结

本章主要针对暂态量母线保护利用故障后一段时间内的故障暂态电气量构成

保护,较之行波母线保护,时窗有所加长,但是对采样率的要求低、易于实现且可靠性更高:

(1) 在行波电流极性比较式母线保护的基础上采用故障电流工频频带的突变方向替代故障初始行波的首波头极性形成了基于含工频频带故障电流突变方向的母线保护,其在小故障初始角故障的情况下能正确区分母线区内故障和区外故障,且采样率低,易于实现。

(2) 基于电流小波分解的暂态能量母线保护可以实现母线区内故障和区外故障的快速、可靠判别,该保护的优势在于采样率低,保护所需交换的信息量小但是时窗的选择需要结合实际运行工况综合考虑。

(3) 从电路的角度分析母线区内故障和区外故障的区别,提出了当且仅当母线故障时母线系统才能等效为电感电路无故障模型的结论,并以此为基础提出了基于测后模拟的母线保护。该保护的优势在于即便是在 3/2 母线接线方式母线内部故障有汲出电流的情况下,保护依然能够正确动作;其不足是对于双母线接线、3/2 接线形式下母线故障时,保护无法识别具体是哪一侧母线发生了故障。

(4) 对于母线上所有出线,母线故障时都为反方向故障,据此,利用 SOD、电压电流短时窗小波系数相关分析、正向行波与反向行波短时窗积分实现了母线区内故障与区外故障的区分。

第3章 CT饱和及对母线保护的影响和检测方法

基于行波、暂态量的母线保护的最大优势在于原理上具有抗 CT 饱和的能力，但就现阶段的技术而言，实现行波、暂态量母线保护仍需要解决很多理论问题和实际问题。目前在电力系统中广泛采用的是基于工频量的母线差动保护，基于工频量的母线保护能够满足系统对于可靠性和选择性的要求，但是在各种因素的影响下，如 CT 误差、比例误配以及母线区外故障时部分 CT 饱和等，都有可能存在保护误动作的情况。本章主要针对 CT 饱和问题进行研究，在对 CT 饱和原理、特点以及对母线保护的影响分析的基础上对 CT 饱和检测方法进行研究并结合仿真予以性能上的分析和讨论。

3.1 CT 饱和原理

CT 等值电路如图 3-1(a)所示，电流、电阻和电感均于归算至 CT 的二次侧。R_1、L_1 分别为 CT 一次侧的电阻和电抗；R_2、L_2 分别为 CT 二次侧的电阻和电抗；R_μ、L_μ 分别为励磁回路的电阻和电抗；R_L、L_L 分别为二次回路负载的电阻和电抗。考虑到一次线圈的 R_1、L_1 值很小，可以略去；励磁回路的有功损耗很小，电阻 R_μ 的值很大，可认为 R_μ 回路开路。因此，图 3-1(a)可简化为图 3-1(b)，其中 $R=R_2+R_L$，$L=L_2+L_L$。

由等值电路图可得到如下电路方程：

$$\begin{cases} I_1 = I_\mu + I_2 \\ \dfrac{\mathrm{d}\phi}{\mathrm{d}t} = RI_2 + L\dfrac{\mathrm{d}I_2}{\mathrm{d}t} \\ \phi = f(I_\mu) \end{cases} \tag{3-1}$$

由式(3-1)可得一次电流、二次电流和励磁电流之间的关系。由于励磁电流的存在，CT 传变是存在误差的。励磁电流的大小取决于 CT 铁心是否饱和以及 CT 饱和的程度，CT 饱和与否可用铁心的磁化曲线确定。电流互感器铁心磁通密度 B、磁导率 μ 与磁场强度 H 满足

$$B = \mu H \tag{3-2}$$

式(3-2)满足基本磁化曲线，如图 3-2 所示。

在铁心磁通密度 B 未达到饱和磁通密度 B_S 之前，所需要的磁场强度 H 基本为零，此时铁心的磁导率 μ 很大，相当于 CT 励磁回路的励磁电抗 L_μ 为无穷大，励

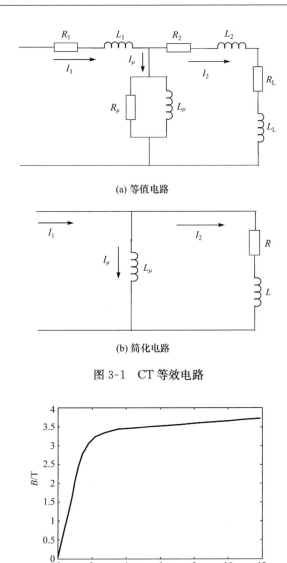

(a) 等值电路

(b) 简化电路

图 3-1　CT 等效电路

图 3-2　铁心的磁化曲线

磁回路相当于开路,一次电流将全部传变到二次回路中;当磁通密度 B 达到饱和磁通密度 B_s 后,此时磁导率 μ 和励磁支路的阻抗 L_μ 变得很小,励磁电流将激增,二次电流将出现严重缺损,这时 CT 进入饱和状态,CT 饱和后磁通密度不再随着磁场强度成正比变化,CT 一直处于饱和状态,直到磁通密度下降到饱和磁通密度以下,CT 退出饱和状态,CT 又可以将全部的一次电流传变至二次回路中。

3.2　CT 饱和特点及其对母线保护的影响

正常运行情况下,CT 的铁心磁通密度较低,励磁阻抗较大,流经励磁阻抗的励磁电流较小,一次电流能够传变正常。系统发生故障时,由于短路电流中往往含有非周期分量,这使 CT 铁心的磁通密度很快达到饱和。铁心饱和会使得励磁阻抗值下降,励磁电流增大,二次电流波形发生畸变。当 CT 发生严重饱和时,励磁阻抗值会变得很小,近似于二次回路短路,此时,二次电流基本为零。按饱和类型分,CT 饱和一般可以分为稳态饱和和暂态饱和,电流波形如图 3-3 所示。

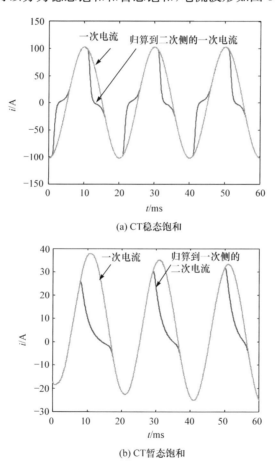

(a) CT稳态饱和

(b) CT暂态饱和

图 3-3　CT 稳态饱和和暂态饱和电流波形

CT 饱和时二次电流具有如下特点:

(1) 故障发生后一段时间内 CT 会存在线性传变区,在线性传变区内 CT 能够把一次电流正确传变至二次侧。线性传变区存在的时间一般为几毫秒,不同故障线性传变区存在的时间也不尽相同,一般情况下故障越严重,线性传变区存在时间越短。

(2) CT 暂态饱和是含有较大衰减非周期分量的暂态故障电流造成的,其特点是饱和二次电流与一次电流相比,波形正负半周不对称且偏向一侧,饱和区和线性传变区相间,每个周波重复一次。

(3) CT 稳态饱和通常是故障电流幅值过大,超过了 CT 的额定准确限值电流引起的,其饱和深度规律较简单,一次电流越大,CT 铁心磁通密度就越高,CT 饱和程度就越深,线性传变区越窄。CT 稳态饱和时二次电流特点是与一次电流波形相对横轴呈奇对称,饱和区和线性传变区相间,每半个周波重复一次。

(4) 从电流过零点时起,二次电流和励磁电流每半波的前后波形不对称,对比一次电流波形,二次电流出现部分波形缺损,对应的励磁电流每半波的前面部分也出现缺损。这种缺损的形状受 CT 二次负载的影响,二次负载越接近纯阻性,不对称越明显。

(5) CT 线性传变区的存在导致励磁电流最大值滞后二次电流最大值一段时间,该时间长短和线性传变区的长度近似相等。

目前,电力系统广泛采用的是母线电流差动保护,保护原理简单可靠,但是存在 CT 饱和和保护误动作的情况。以下以常规比率制动式母线差动保护为例说明 CT 饱和对母线保护的影响。常规比率制动式母线差动保护主要利用穿越性故障电流作为制动电流来克服不平衡电流对,以防母线区外故障时差动保护误动作。常规比率制动式母线差动保护的判据如下:

$$\left.\begin{array}{l} \left| \sum_{k=1}^{n} \dot{I}_k \right| \geqslant I_{\text{set}} \\[2mm] \left| \sum_{k=1}^{n} \dot{I}_k \right| \geqslant K_{\text{res}} \sum_{k=1}^{n} \left| \dot{I}_k \right| \end{array}\right\} \tag{3-3}$$

式中,K_{res} 为制动系数;I_{set} 为动作电流。

采用式(3-3)所示的比率制动式母线保护判据的初衷是避免母线故障时差动电流因为差流的存在而误动作,但是比率制动措施的采用只能规避差流对保护的影响,并不能消除短路电流非周期分量对 CT 的影响。研究表明,短路电流非周期分量会使得 CT 在短路电流不大的情况下也发生暂态饱和进而使得保护误动。CT 饱和除了使得保护误动作以外,还会导致比率制动式母线保护的制动系数设置困难,例如,母线发生近端故障时,故障支路的 CT 会因为电流过大而发生严重饱和,这种情况下 CT 输出的二次电流较小,流入差动保护的动作电流与制动电流大小基本相等,由式(3-3)可知,为保证常规比率制动式母线保护不误动,此时就要求制动系数设置为 1,而当制动系数设置为 1 时,虽然避免了母线区外故障的误动作,但是也使得母线区内故障时保护无法正确动作。

3.3　CT 饱和检测方法

现有的母线保护面临的问题主要还是 CT 饱和会使得保护误动作。抬高差动保护的制动系数可以提高纵差保护在区外故障情况下抗 CT 饱和的能力,但是其增大的幅度有限,并且这种方式是以牺牲纵差保护区内故障灵敏度为代价,所以,要想真正规避母线区外故障时 CT 饱和引起的纵差保护误动作的问题,不仅需要调整比率制动特性,还要辅以其他鉴别 CT 饱和检测与闭锁的方法。以下对 CT 饱和检测方法进行研究,并结合仿真予以性能分析。

1. 基于过零点的 CT 饱和检测方法

基于过零点的 CT 饱和检测方法主要是利用了 CT 饱和时输出的二次电流波形不再是标准正弦波,过零点较之未饱和时输出电流的过零点会提前的特征构建 CT 饱和检测方法的判据。

以图 1-3 的仿真系统为例,假设故障过渡电阻为 10Ω,采样率为 20kHz,线路 L_1 发生近端 A 相接地故障且 CT 发生饱和,取二次负载 R 为 2Ω 和 4Ω 时 CT 饱和时电流波形图如图 3-4 所示。

由图 3-4 可知,改变 CT 二次负载可以得到不同程度的饱和波形。当电阻负荷增加时,铁心达到饱和所需要的时间变短,使得 CT 饱和影响加重:CT 传变特性变坏、二次波形畸变严重且二次电流连续过零点的时间小于半个周期。大量仿真表明:因为受到噪声、暂态频率渗透等的影响,CT 未饱和时 CT 输出的二次电流连续过零点的时间为 8~9ms(低于标准 50Hz 电流信号半个周期的时间 10ms),据此提出以下 CT 饱和检测的判据。

设 CT 饱和时输出的二次电流连续过零点的时间为 t_{ct},CT 未饱和时输出的二次电流连续过零点的时间为 t,则基于过零点不同构建的 CT 饱和判别式为

$$\Delta t = t - t_{ct} \tag{3-4}$$

若 $\Delta t > \Delta t_{set}$,则判为 CT 饱和;若 $\Delta t < \Delta t_{set}$,则判为 CT 未饱和。其中 Δt_{set} 取 0.1ms。

以如图 3-5(a)所示的单母线接线方式进行仿真,母线对地电容取 $0.01\mu F$,采用 PSCAD/EMTDC 中的 CT 模型对母线 M 的不同故障进行仿真研究,在 F_1 点发生的故障为母线 M 故障,在 F_2 发生的故障为出线 L_2 距母线 200km 处故障。采样频率为 20kHz。母线近端发生区外故障时 CT 饱和与 CT 未饱和时分别测得的二次电流波形如图 3-5(b)所示。

从图 3-5 可知,饱和电流与未饱和电流波形上的两连续零点间时间间隔为 $\Delta t = 2ms$,即 CT 饱和时二次电流波形上两连续零点间的时间小于 CT 未饱和时二

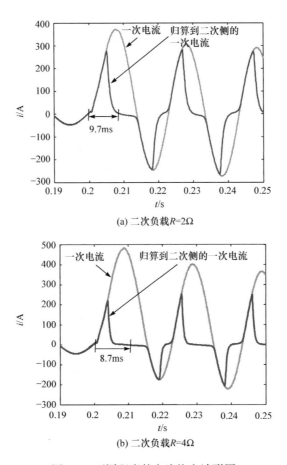

图 3-4　不同程度的电流饱和波形图

次电流波形上两连续零点间的时间(即半个周期),据此判断为 CT 饱和。

与工程上所用电压启动元件与其他启动元件之间启动时差,以及谐波制动等方法相比,过零点检测方法的优势在于原理简单明了,但是需要准确提取电流波形的至少连续两个过零点才能正确判断 CT 是否饱和,若出现未能准确提取电流波形的连续两个过零点,该方法将失效。

2. 基于小波原理的 CT 饱和时差检测方法

基于过零点的 CT 饱和检测方法的正确性依赖于对电流波形连续两个过零点的准确识别,方法简单,但如果某一个过零点识别错误,方法就存在失效的可能。基于小波原理的 CT 饱和时差检测方法较于基于过零点的 CT 饱和检测方法,只需要捕捉故障发生初瞬时刻电流的突变点就能构建 CT 饱和检测的判据,方法可靠性更高。

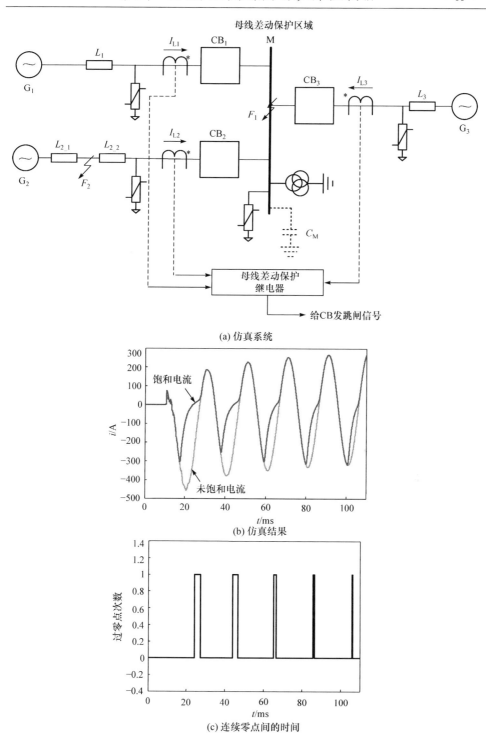

(a) 仿真系统

(b) 仿真结果

(c) 连续零点间的时间

图 3-5 仿真系统与仿真结果

以图 3-5(a)仿真系统为例,定义 I_{s1} 为未饱和 CT 采集到的电流信号,I_d 为流入母线保护 M 的差动电流信号。设仿真系统的故障过渡电阻为 10Ω,采样率为 20kHz,当线路 L_2 发生近端 A 相接地故障且 CT 未发生饱和时测得的 I_d 和 I_{s1} 电流波形如图 3-6(a)所示;当线路 L_2 发生近端 A 相接地故障且 CT 发生饱和时测得的 I_d 和 I_{s1} 电流波形如图 3-6(b)所示。

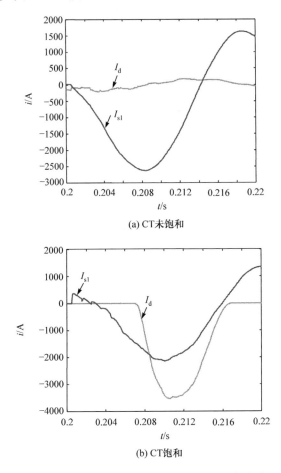

(a) CT 未饱和

(b) CT 饱和

图 3-6　线路上 F_2 点故障时 I_d 和 I_{s1} 电流波形图

由图 3-6(a)可知,当母线区外故障且 CT 未饱和时,未饱和 CT 测得的电流信号 I_{s1} 和差动电流信号 I_d 会同时发生突变;由图 3-6(b)可知,当母线区外故障且 CT 饱和时,差动电流信号 I_{s1} 会滞后于未饱和电流互感器测得的电流信号 I_d,据此可以利用未饱和电流互感器测得的电流信号 I_{s1} 的突变时间和差动电流信号 I_d 的突变时间的时间差构建 CT 发生饱和检测的判据。

定义 d_I_d 和 d_I_{s1} 分别为利用小波分解 I_d 信号和 I_{s1} 信号得到的高频细节部

分, I_{fd} 和 I_{fsl} 分别为利用小波分解 I_d 信号和 I_{sl} 信号得到的高频细节部分的第一个模极大值的绝对值:

$$I_{fd} = \max\{\mathrm{abs}[d\_I_d]\} \tag{3-5a}$$

$$I_{fsl} = \max\{\mathrm{abs}[d\_I_{sl}]\} \tag{3-5b}$$

依据上面的分析可以构建 CT 饱和判据如下:若 $t_{Ifd} < t_{Ifsl}$,则判为 CT 发生饱和;若 $t_{Ifd} = t_{Ifsl}$,则判为 CT 未发生饱和。

以如图 3-7(a)所示的单母线接线方式进行仿真,其中 F_1、F_2、F_3 分别为区域 1 内部发生 A 相金属接地故障,区域 1 外部发生 A 相金属接地故障,区域 2 内部发生 A 相金属接地故障,母线对地电容为 $0.01\mu F$,采样频率设为 20kHz,采用 Bior6.8 小波进行小波分解并提取第三层高频系数求取模极大值。定义 I_d 为未发生饱和互感器 CT-G_1 测量得到的 A 相电流,I_{sl} 为区域 1 计算得到的 A 相差动电流,则出线 L_2 故障且 CT 未发生饱和时测得的 I_d 和 I_{sl} 电流波形图及其模极大值的绝对值如图 3-7(b)所示;出线 L_2 故障且 CT 发生饱和时测得的 I_d 和 I_{sl} 电流波形图及其模极大值的绝对值如图 3-3(c)所示。

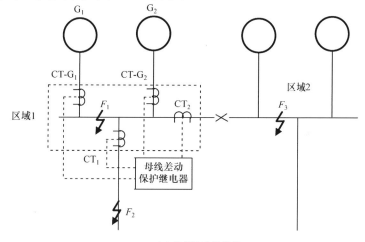

(a) 单母线分段接线

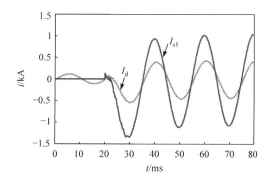

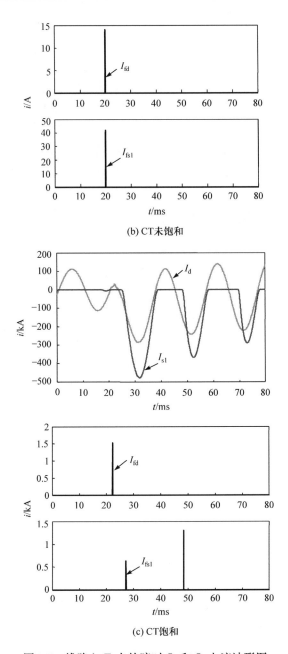

(b) CT未饱和

(c) CT饱和

图 3-7 线路上 F_2 点故障时 I_d 和 I_{s1} 电流波形图

从图 3-7(b)可知,出线 L_2 故障且 CT 未发生饱和时,$t_{Ifd} = t_{Ifs1} = 20\text{ms}$,满足 $t_{Ifd} = t_{Ifs1}$,据此判为 CT 未发生饱和。从图 3-7(c)可知,出线 L_2 故障时且 CT 发生饱和时,$t_{Ifd} = 24.3\text{ms}$,$t_{Ifs1} = 27.5\text{ms}$,满足式 $t_{Ifd} < t_{Ifs1}$,据此判为 CT 发生饱和。

基于小波原理的 CT 饱和时差检测方法的优势在于判据建立只需要利用故障发生初瞬时刻电流的突变点,但是其缺陷在于一旦突变点未能准确识别或没有未饱和 CT 作为参考,则该方法将失效。

3. 基于 CT 二次输出电流与其差分构成的平面上相邻点距离判别的检测方法

基于小波原理的 CT 饱和时差检测方法较之基于过零点的 CT 饱和检测方法可靠性方面略有提高,但是依然未能解决突变点未能准确捕捉而使得检测方法失效的问题。基于 CT 二次输出电流与其差分构成的平面上相邻点距离判别的检测方法是在 CT 二次输出电流信号及其差函数组成的平面上,任意相邻两点的距离在 CT 未饱和时变化不大,在 CT 饱和时变化特征明显以此构建 CT 饱和检测方法。

设 φ 为 A 相、B 相或 C 相,n 为电流信号的实际采样点数目,则与母线相连的各回出线上测得的二次电流信号的一阶差分函数、二阶差分函数、三阶差分函数分别为

$$d[1](n)=i_\varphi(n)-i_\varphi(n-1) \tag{3-6}$$

$$d[2](n)=d[1](n)-d[1](n-1) \tag{3-7}$$

$$d[3](n)=d[2](n)-d[2](n-1) \tag{3-8}$$

将图 3-8(a)所示的 CT 未饱和时输出的二次侧电流波形映射到以 $d[1]$ 为横坐标,$i_\varphi(n)$ 为纵坐标建立的二维平面,如图 3-8(b)所示。将图 3-8(c)所示的 CT 饱和时输出的二次电流波形映射到以 $d[1]$ 为横坐标,$i_\varphi(n)$ 为纵坐标建立的二维平面,如图 3-8(d)所示。

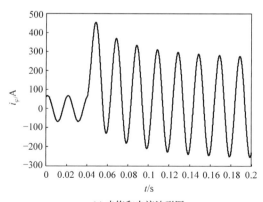

(a) 未饱和电流波形图

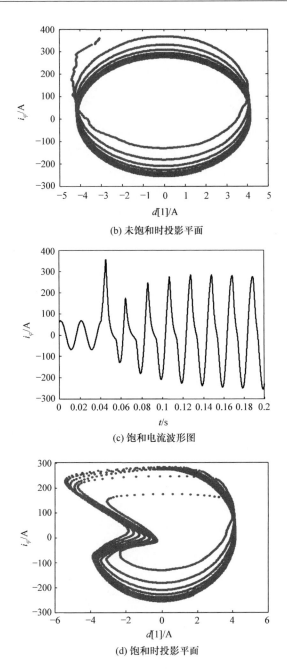

(b) 未饱和时投影平面

(c) 饱和电流波形图

(d) 饱和时投影平面

图 3-8　CT 未饱和与 CT 饱和情况的电流与投影平面图

由图 3-8 可知,在以 $d[1]$ 为横坐标,$i_\varphi(n)$ 为纵坐标建立的二维平面上,CT 未饱和时,平面上任意相邻两点间的距离在横轴上的投影基本相等;CT 饱和时,平面上任意相邻两点间的距离在横轴上投影会出现明显的变化。据此,可以利用以 $d[1]$ 为横坐标,$i_\varphi(n)$ 为纵坐标的二维平面上相邻两点间的距离在横轴上投影的变化程度来判断 CT 饱和与否。利用以 $d[1]$ 为横坐标,$i_\varphi(n)$ 为纵坐标的平面检测 CT 饱和的方法是可行的,但是仅利用横轴上的变化量构成的 CT 饱和判据可靠性不高,考虑到故障电流中衰减直流分量的存在使得故障初始阶段电流的变化不能完全满足正弦函数的变化规律,为消除衰减直流分量对 $i_\varphi(n)$ 的影响,可以采用以 $d[2]$ 为横坐标,$d[1]$ 为纵坐标的平面和以 $d[3]$ 为横坐标,$d[2]$ 为纵坐标的平面的方法检测 CT 是否饱和。

　　将 CT 未饱和时输出的二次电流波形映射到以 $d[2]$ 为横坐标,$d[1]$ 为纵坐标建立的二维平面和以 $d[3]$ 为横坐标,$d[2]$ 为纵坐标建立的二维平面,如图 3-9(a)、(b)所示。将 CT 饱和时输出的二次电流波形映射到以 $d[2]$ 为横坐标,$d[1]$ 为纵坐标建立的二维平面和以 $d[3]$ 为横坐标,$d[2]$ 为纵坐标建立的二维平面,如图 3-9(c)、(d)所示。

　　如图 3-9 所示,当 CT 未发生饱和时,在以 $d[2]$ 为横坐标,$d[1]$ 为纵坐标的平面和以 $d[3]$ 为横坐标,$d[2]$ 为纵坐标的平面,任意相邻两点间距离变化不大,分布轨迹是以(0,0)为中心的均匀分布。如图 3-9 所示,当 CT 发生饱和时,饱和点之后任意相邻两点间距离变化明显,分布轨迹随机出现在(0,0)点附近。

　　综上所述,在考虑衰减直流分量影响的基础上,利用以 $d[2]$ 为横坐标,$d[1]$ 为纵坐标的平面和以 $d[3]$ 为横坐标,$d[2]$ 为纵坐标的平面上任意相邻的点之间的距离变化程度的不同可以形成构建 CT 饱和检测方法的判据。

　　任意相邻的二次电流信号的差分函数值之间的实际距离可以利用式(3-9)和式(3-10)计算得到:

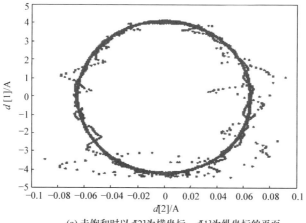

(a) 未饱和时以 $d[2]$ 为横坐标、$d[1]$ 为纵坐标的平面

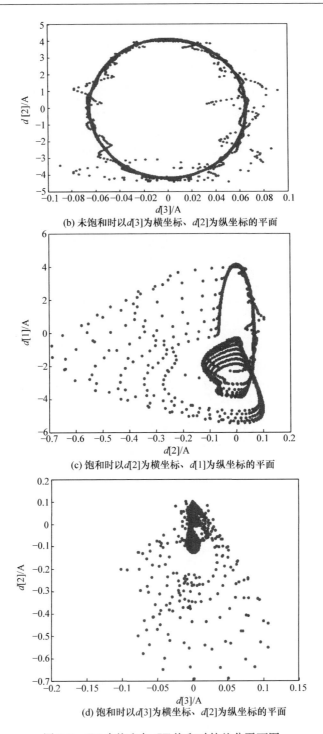

(b) 未饱和时以d[3]为横坐标、d[2]为纵坐标的平面

(c) 饱和时以d[2]为横坐标、d[1]纵坐标的平面

(d) 饱和时以d[3]为横坐标、d[2]为纵坐标的平面

图 3-9　CT 未饱和与 CT 饱和时的差分平面图

$$\text{dist1}(n)^2 = [d[1](n) - d[1](n-1)]^2 + [i_\varphi(n) - i_\varphi(n-1)]^2 \tag{3-9}$$

$$\text{dist2}(n)^2 = [d[2](n) - d[2](n-1)]^2 + [d[1](n) - d[1](n-1)]^2 \tag{3-10}$$

$$\text{dist3}(n)^2 = [d[3](n) - d[3](n-1)]^2 + [d[2](n) - d[2](n-1)]^2 \tag{3-11}$$

设 μ 为平均值，σ 为标准偏差，则任意相邻的二次电流信号的差分函数值之间的距离的阈值可以表示为

$$\text{Th1}(n) = \mu_{\text{dist2}}(n) + 2\sigma_{\text{dist2}}(n) \tag{3-12}$$

$$\text{Th2}(n) = \mu_{\text{dist3}}(n) + \sigma_{\text{dist3}}(n) \tag{3-13}$$

则 CT 饱和的判据为

$$\text{dist2} > \text{Th1}(n) \tag{3-14}$$

$$\text{dist3} > \text{Th2}(n) \tag{3-15}$$

以如图 3-7(a)所示的单母线接线方式进行仿真，母线对地电容为 $0.01\mu\text{F}$，采样频率为 20kHz。CT 未发生饱和时相邻的二次电流信号的差分函数值之间的实际距离与阈值比较示意图如图 3-10 所示；CT 发生饱和时相邻的二次电流信号的差分函数值之间的实际距离与阈值比较示意图如图 3-11 所示。

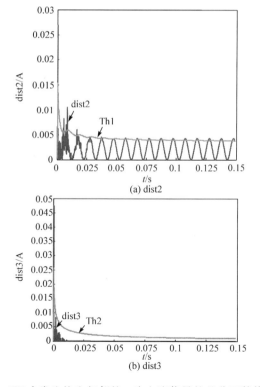

图 3-10　CT 未发生饱和相邻的二次电流信号的差分函数值之间的
实际距离与阈值比较示意图

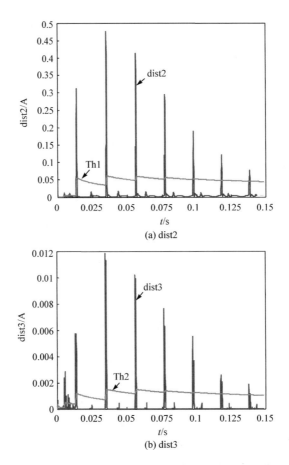

图 3-11　CT 发生饱和相邻的二次电流信号的差分函数值之间的
实际距离与阈值比较示意图

　　由图 3-10 可知,差分函数值的实际距离 dist2＝0.011,dist3＝0.008;阈值 Th1(n)＝0.006,Th2(n)＝0.010,代入式(3-14)和式(3-15)得 dist2＞Th1(n),dist3＜Th2(n),此时不能满足 CT 饱和判据,据此判为 CT 未发生饱和。由图 3-11可知,差分函数值的实际距离 dist2＝0.312,dist3＝0.002;阈值 Th1(n)＝0.054,Th2(n)＝0.001,代入式(3-14)和式(3-15)得 dist2＞Th1(n),dist3＞Th2(n),此时能够满足 CT 饱和的判据,据此判为 CT 发生饱和。

　　基于 CT 二次输出电流与其差分构成的平面上相邻点距离判别的检测方法不依赖于过零点或者是故障电流初始突变点的准确捕捉,可实时检测 CT 饱和与否,且算法简单,易于实现。与工程上所用电压启动元件与其他启动元件之间启动时差,以及谐波制动等方法相比,无须进行频域分解分析,也能够避免不同启动元件之间因采样率低而导致启动时间相差无几而可能造成的误判。

3.4　本 章 小 结

本章主要针对基于过零点的 CT 饱和检测方法、基于小波原理的 CT 饱和时差检测方法和基于 CT 二次输出电流与其差分构成的平面上相邻点距离判别的检测方法等 CT 饱和检测方法进行分析与研究得到以下结论：过零点检测方法原理简单明了，但是需要至少提取到电流波形的连续两个过零点才能构成保护判据；基于小波原理的 CT 饱和时差检测方法只需要利用故障发生初瞬时刻电流的突变点即可构建判据，但是一旦突变点未能准确识别，方法就存在失效的可能；基于 CT 二次输出电流与其差分构成的平面上相邻点距离判别的检测方法不依赖于过零点或者是故障电流初始突变点的准确捕捉，可实时检测 CT 饱和与否，算法简单且易于实现。

第 4 章　变压器涌流产生机理分析

变压器内部故障时的短路电流所产生的高温电弧不仅毁坏绕组绝缘和铁心，而且可能引起油箱爆炸。变压器一旦因故障而遭到破坏，其检修的难度大、耗时长、费用高，对电网正常电能传输影响极大。但是作为结构复杂的非线性铁心元件，变压器与电网中线路、母线等设备存在较大不同，其保护方式亦有差异。变压器主保护通常有瓦斯保护和差动保护，瓦斯保护能够反映油箱内发生的故障，但是无法作用于油箱外套管与引出线位置的故障。差动保护能够快速而准确地识别内部故障与外部故障，但是作为非线性铁心元件，变压器涌流将导致变压器两侧电流不平衡，造成差动保护回路中存在不平衡电流。由于励磁涌流波形中存在较大非周期分量与谐波，故实际工程中主要利用基于二次谐波、三次谐波与五次谐波的谐波含量比较分析对变压器励磁涌流辨识进行辨识，该方法原理简单，易于实现，在实际工程中得到了普遍应用。但是随着铁心材料的改进，饱和磁通倍数呈现下降趋势，部分情况下励磁涌流中二次谐波含量较小，易被误判为内部故障。针对此，国内外学者通过分析励磁涌流波形存在非对称性、间断角等特点，相继提出了利用差流波形特征的间断角检测与波形对称检测的方法，但是此类方法受到适用性、成本等方面的制约，在实际应用中尚未普及。

随着电力系统电压等级的不断提高，变压器各侧开关的电气距离越来越远，增加了二次回路负担，给变压器差动保护带来了一定影响，因此学术界提出了采用就地采集模拟量信号，仅向保护主站传输采集数据的分布式变压器保护。该方法降低了 CT 二次侧断线可能性，但是对各数据采集点的同步性要求很高，尤其在强电磁干扰环境中，硬件设备可靠性面临极大考验，故尚处于理论研究与可行性分析阶段。

4.1　励磁涌流产生机理

变压器励磁涌流产生的根本原因是变压器铁心饱和。变压器的励磁回路实质上就是具有铁心绕组的电路。从变压器一次侧看进去，变压器相当于一个非线性电感。变压器在正常运行情况下，铁心未饱和，相对磁导率很大，变压器绕组电感也很大，因此励磁电流很小，一般小于额定电流的 5%。在外部故障时，由于电压降低，励磁电流减小，它的影响就更小。当变压器空载投入或外部故障切除后恢复供电时，一旦铁心饱和，相对磁导率接近于 1，变压器电感降低，将出现数值很大的励磁涌流。

图 4-1(a)是变压器铁心的分段磁化曲线图。将饱和曲线近似看作两条分段直线 OA 和 AE，它们与纵轴的交点(A 点)对应的磁通，定为饱和磁通 Φ_m。当 $|\Phi| < \Phi_m$ 时，励磁电流 $i_m \approx 0$，事实上正常情况下变压器的励磁电流比励磁涌流小得多。当 $|\Phi| > \Phi_m$ 时，i_m 随 Φ 线性增长。此时，变压器的励磁特性工作在直线 AE 或 BF 上，磁通的微小增量，都会引起电流的巨大变化。图 4-1(b)为变压器励磁涌流产生的图解。由此可见，励磁涌流呈尖顶波形，有间断角，且偏于时间轴一侧。

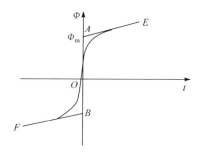

(a) 变压器铁心的分段磁化曲线

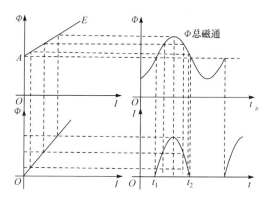

(b) 变压器励磁涌流图解

图 4-1　励磁涌流波形产生原理

图 4-2 为单相单台变压器空载合闸的等效电路，由于二次侧开路，故省略，且变压器的铁心损耗很小，故省略表示铁耗的等效计算电阻 R_m。其中，系统侧电压 U_s 按正弦规律变化，即 $U_s = U_m \sin(\omega t + \alpha)$，$U_m$ 为电压幅值，α 为电压初相角；R_s 和 L_s 为系统侧能效内阻，R_σ 和 L_σ 为变压器绕组电阻和漏电感，L_m 为整个励磁回路的电感。

定义 ψ 为合闸回路总磁链，即系统侧电感 L_s 上的磁链 ψ_s、变压器绕组漏磁链 ψ_σ 与变压器铁心主磁链 ψ_m 之和；R 为合闸回路总电阻，即 R_s 与 R_σ 之和。则图 4-2 中合闸回路的电压方程为

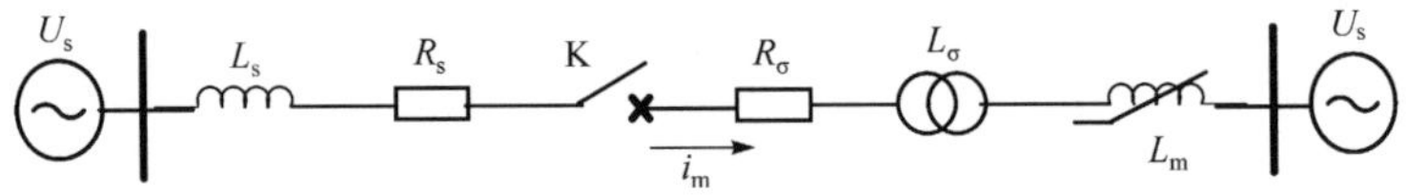

图 4-2　单相单台变压器空载合闸等效电路

$$u_s = U_m \sin(\omega t + \alpha) = R i_m + \frac{d\psi}{dt} \tag{4-1}$$

式中，$\psi = \psi_s + \psi_\sigma + \psi_m = (L_s + L_\sigma + L_m) i_m = L i_m$；$i_m$ 为励磁电流。其中 L_s 和 L_σ 可视为常数，ψ_m 和 i_m 的关系即为磁化曲线 $\psi_m = f(i_m)$。由于磁路饱和，ψ_m 和 i_m 呈非线性关系，即励磁电感 L_m 是一个非线性电感。由于合闸回路中的电压分量主要是由磁链变化引起的，因此电阻 R 上的压降在整个微分方程中占比较小，如果暂且取 L_m 为变压器励磁回路的平均电感作为整个瞬态过程期间的励磁电感，即可近似把 L 视为一个常数，这对整个方程的解影响不大，简化后的常系数线性微分方程为

$$R \frac{\psi}{L} + \frac{d\psi}{dt} = U_m \sin(\omega t + \alpha) \tag{4-2}$$

式(4-2)的全解有两个分量，稳态分量 ψ' 和暂态分量 ψ''。

$$\psi = \psi' + \psi'' = -L \frac{U_m}{\sqrt{R^2 + (\omega L)^2}} \sin\left(\omega t + \alpha - \arctan \frac{\omega L}{R}\right) + C e^{-\frac{R}{L}t} \tag{4-3}$$

式中，C 为积分常数，由初始条件决定。

由于 $R \ll \omega L$，则

$$\arctan \frac{\omega L}{R} \approx 90° \tag{4-4}$$

$$L \frac{U_m}{\sqrt{R^2 + (\omega L)^2}} \approx \frac{U_m}{\omega} = \Phi_m \tag{4-5}$$

式中，Φ_m 为稳态时的磁链幅值。将式(4-5)代入式(4-3)，得

$$\psi = -\Phi_m \cos(\omega t + \alpha) + C e^{-\frac{R}{L}t} \tag{4-6}$$

式中，积分常数 C 由合闸瞬间（$t = 0$）的铁心剩磁 ψ_r 决定，即

$$C = \Phi_m \cos\alpha + \psi_r \tag{4-7}$$

因此可以求得

$$\psi = -\Phi_m \cos(\omega t + \alpha) + (\Phi_m \cos\alpha + \psi_r) e^{-\frac{R}{L}t} \tag{4-8}$$

式中，ψ 为合闸回路总磁链。需要特别说明的是，如前所述，$\psi = \psi_s + \psi_\sigma + \psi_m = (L_s + L_\sigma + L_m) i_m = L i_m$，$i_m$ 为励磁电流，则变压器铁心磁链可表示为 $L i_m$，即变压器铁心瞬时磁链与合闸回路总磁链仅相差一个比例常系数 k，因此不加区分，变压器铁心磁链亦用 ψ 表示。式(4-8)表明，当变压器空载合闸时，为维持合闸时刻磁链不能突变而产生的暂态磁链是一个非周期分量，即变压器瞬时磁链由滞后系统电压

$90°$的稳态工频磁链和衰减的非周期磁链构成。另外,由式(4-7)和式(4-8)可以看出,采用平均电感L_m作为励磁电感进行分析,对稳态时的磁链幅值并无影响,仅影响衰减时间常数。

从积分方程的角度进行分析,物理概念将更加清晰,式(4-1)两边在一个周期内积分为

$$\int_t^{t+T} u_s dt = \int_t^{t+T} R i_m dt + \Delta\psi \tag{4-9}$$

因为系统侧电源电压为对称正弦波,所以式(4-9)左边每个周期积分$\int_t^{t+T} u_s dt = 0$,因此变压器铁心磁链每个周期的变化量为

$$\Delta\psi = -\int_t^{t+T} R i_m dt \tag{4-10}$$

式中,i_m为励磁电流。可见,磁链中的非周期分量受到电阻分量的阻尼作用而衰减。

从另外一个角度分析,变压器铁心磁链每个周期的变化量即为等效电感L上压降的每个周期的积分值:

$$\Delta\psi = \psi(t+T) - \psi(t) = \int_t^{t+T} u_L dt = \int_t^{t+T} (u_s - R i_m) dt = -\int_t^{t+T} R i_m dt \tag{4-11}$$

由此可见,式(4-10)求出的磁链的变化量与式(4-11)是等效的,因此可以认为,励磁涌流的产生是由于等效励磁电感L上的电压出现了非周期波动。

求得变压器瞬时磁链ψ后,根据变压器铁心的磁化特性曲线$\psi_m = f(i_m)$即可以得到励磁电流i_m的解。设ψ_{sat}为变压器的饱和磁链,铁心不饱和时,磁化曲线的斜率很大,励磁电流i_m近似为零;铁心进入饱和区后,磁化曲线的斜率迅速变小,励磁电流i_m大大增加,从而形成励磁涌流。

当变压器空载投入时,可能出现数值很大的励磁电流(即励磁涌流)。这是因为在稳态工作情况下,铁心中的磁通应滞后于外加电压$90°$,如图4-3所示。如果空载合闸,正好在电压瞬时值$u=0$时接通电路,则铁心中应该具有磁通$-\Phi_m$。但是铁心中的磁通不能突变,因此将出现一个非周期分量的磁通,其幅值为$+\Phi_m$。这样在经过半个周期以后,铁心中的磁通就达到$2\Phi_m$。如果铁心中还有剩余磁通Φ_r,则总磁通将为$2\Phi_m + \Phi_r$,如图4-4所示。此时变压器的铁心严重饱和,励磁电流将剧烈增大,如图4-5所示,此电流就称为变压器的励磁涌流I_{EF},其数值最大可达额定电流的$6\sim8$倍,同时包含大量的非周期分量和高次谐波分量,如图4-6所示。励磁涌流的大小和衰减时间,与外加电压的相位、铁心中剩磁的大小和方向、电源容量的大小、回路的阻抗以及变压器容量的大小和铁心性质等都有关系。例如,恰好在电压瞬时值为最大时合闸,就不会出现励磁涌流,而只有正常时的励磁电流。对三相变压器而言,无论在任何瞬间合闸,至少有两相要出现程度不同的励磁涌流。

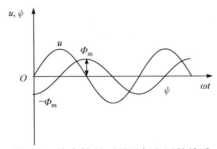

图 4-3　稳态情况下磁通与电压的关系

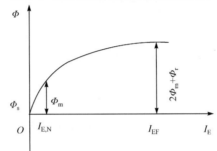

图 4-4　在 $u=0$ 瞬间空载合闸时磁通与电压的关系

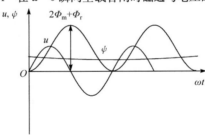

图 4-5　变压器铁心的磁化曲线

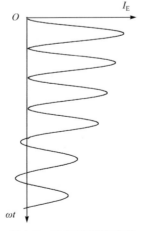

图 4-6　励磁涌流的波形

表 4-1 给出了几次励磁涌流试验数据的频率成分含量。由此可见,励磁涌流具有以下特点:

(1) 包含很大成分的非周期分量,往往使涌流偏向时间轴的一侧;

(2) 包含大量的高次谐波,而以二次谐波为主;

(3) 波形之间出现间断,如图 4-7 所示,在一个周期中间断角为 α。

表 4-1 试验获得的励磁涌流频率成分含量 （单位:%）

励磁涌流	数据 1	数据 2	数据 3	数据 4
基波	100	100	100	100
二次谐波	36	31	50	23
三次谐波	7	6.9	9.4	10
四次谐波	9	6.2	5.4	—
五次谐波	5	—	—	—
直流	66	80	62	73

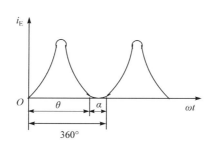

图 4-7 励磁涌流的波形

电力变压器多采用 Y/△联结方式,此时的励磁涌流为一次侧两相电流的差值。当星形侧空载合闸时,变压器励磁涌流波形如图 4-8 所示。

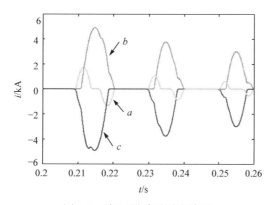

图 4-8 变压器励磁涌流波形

图 4-8 中，a 为对称性涌流，表现为关于时间轴对称，由方向相同且直流分量相差不大的两相涌流相减而得；b、c 为非对称性涌流，表现为偏向时间轴一侧，由剩磁方向相反的两相涌流相减生成。

4.2　和应涌流产生机理及对差动保护的影响

和应涌流是当电网中空投一台变压器时，在相邻的并联或串联运行变压器中产生的。和应涌流在合闸变压器涌流持续一段时间后才产生，该涌流波形特征不明显且持续时间很长，容易导致变压器的涌流闭锁环节失效，造成运行变压器保护误动作。本节对变压器和应涌流的产生机理、影响因素及其危害原因进行分析，讨论和应涌流对变压器保护的影响。

以两单相变压器并联运行为例来说明和应涌流的产生过程，等效电路如图 4-9 所示。

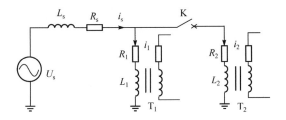

图 4-9　并联运行变压器和应涌流等效电路

在图 4-9 所示等效电路中设系统电源电压为 U_s，系统电阻为 R_s，系统电感为 L_s，变压器 T_1 的一次侧等效电阻为 R_1，电感为 L_1，变压器 T_2 的一次侧等效电阻为 R_2，电感为 L_2，i_s 为系统的电流，i_1 为流过变压器 T_1 的电流，i_2 为流过变压器 T_2 的电流。

根据以上对单台变压器励磁涌流的分析，可以得到变压器 T_1、T_2 每周期磁通变化量为

$$\Delta\psi_1 = -\int_t^{t+T} R_s i_s \, dt - \int_t^{t+T} R_1 i_1 \, dt = -\int_t^{t+T} (R_s + R_1) i_1 \, dt - \int_t^{t+T} R_s i_2 \, dt$$

$$(4\text{-}12)$$

$$\Delta\psi_2 = -\int_t^{t+T} R_s i_s \, dt - \int_t^{t+T} R_2 i_2 \, dt = -\int_t^{t+T} (R_s + R_2) i_2 \, dt - \int_t^{t+T} R_s i_1 \, dt$$

$$(4\text{-}13)$$

即

$$\begin{bmatrix} \Delta\psi_1 \\ \Delta\psi_2 \end{bmatrix} = -\int_t^{t+T} \begin{bmatrix} R_s + R_1 & R_s \\ R_s & R_s + R_2 \end{bmatrix} dt \qquad (4\text{-}14)$$

图 4-9 中变压器 T_1 已处于稳态运行,此时变压器 T_2 空载投入。当开关 K 合闸时,变压器 T_2 中会产生励磁涌流 i_2,i_2 完全偏于时间轴一侧,含有很大的非周期分量,而此时变压器 T_1 中电流 i_1 所含的非周期分量很小,因此 i_1 在一个周期的积分值约为零,假设 i_2 中的非周期分量值为正,则由式(4-14)可见,此时 $\Delta\psi_1$ 和 $\Delta\psi_2$ 均为负值,即每个周期磁链都在向负方向偏移。其结果使得 T_1 磁链 ψ_1 中的非周期分量反方向增加,并逐渐达到饱和点,如图 4-10(a)所示。同时在 $\Delta\psi_2$ 的作用下,变压器 T_2 磁链 ψ_2 在逐渐减小,从而使得 i_2 的负值逐渐减小。经过一段时间之后,T_1 进入饱和区,产生涌流,即为和应涌流,如图 4-10(b)所示。由于变压器 T_1 磁链是在反方向进入饱和,所以 T_1 中产生的和应涌流与 T_2 中产生的励磁涌流 i_2 方向相反,是负向的。

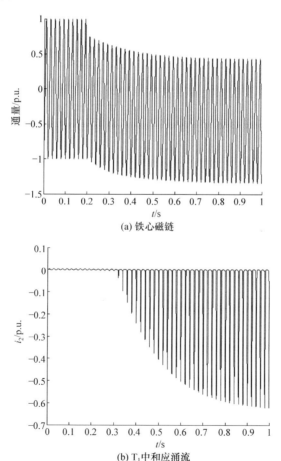

(a) 铁心磁链

(b) T_1 中和应涌流

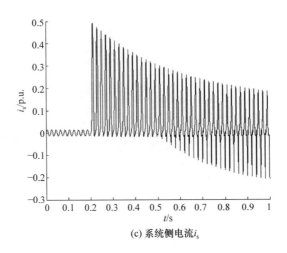

(c) 系统侧电流 i_s

图 4-10　和应涌流

　　变压器 T_1 中产生和应涌流之后,由于和应涌流的逐渐增大,i_1 在一个周期的积分值也在逐渐增大,因为 i_1 与 i_2 方向相反,由式(4-12),随着和应涌流的增大,最终导致 $\Delta\psi_1$ 为零,此时和应涌流达到最大值,之后,T_1、T_2 中的磁链开始衰减。并且,在和应涌流产生之后,随着 i_1 幅值的增加和 i_2 幅值的减小,系统电流 $i_s = i_1 + i_2$ 中的非周期分量迅速减小到 0 附近,i_s 变化如图 4-10(c)所示。由式(4-12)、式(4-13)可知,系统电阻 R_s 对 T_1 和 T_2 磁链的衰减作用几乎消失,这使得两台变压器只能靠各自的一次侧等效电阻来衰减偏磁。因此,涌流的衰减速度要比单台变压器发生涌流时缓慢得多。

　　以上从磁链变化的角度分析了运行变压器中和应涌流产生的机理,由此可知,正是系统阻抗的存在,使得两台变压器的磁链相互耦合,空投变压器的励磁涌流使公共母线上的电压产生分周期波动,从而使得运行变压器中产生和应涌流。

　　以上分析了并联变压器和应涌流的产生机理,串联变压器和应涌流的产生机理与并联变压器相同。事实上,变压器的和应涌流不仅发生在两台变压器之间,只要变压器附近有其他铁心元件充电,就有可能引起该变压器产生和应涌流现象。通过和应涌流产生机理分析,可以看到和应涌流与合闸励磁涌流特征不完全相同,且持续时间长,这将影响到系统中保护的正确动作率。

　　1. 和应涌流衰减特点

　　与励磁涌流相比,和应涌流具有下列特征:

　　(1)励磁涌流在第一个周期很快就达到最大值,而和应涌流则是先逐渐增大到最大值再逐渐衰减。

　　(2)空投变压器的励磁涌流与运行变压器的和应涌流交替出现。

（3）和应涌流波形与普通励磁涌流波形特征在一个周期内无明显区别，均含有很大成分的非周期分量和大量的二次谐波，波形出现间断；不同的是，和应涌流产生之后，和应涌流与空投变压器的励磁涌流衰减将比单台变压器励磁涌流衰减缓慢得多。

（4）在其他条件相同的情况下，两台变压器串联时和应涌流出现的时间较晚，且所达到的幅值略小；同时，两台变压器之间有线路且线路电阻较大时，变压器串联时和应涌流衰减速度明显快于变压器并联时，若线路电阻较小，变压器串联时和应涌流衰减速度略快于变压器并联时；两台变压器并联时和应涌流与励磁涌流幅值趋于一致，而两台变压器串联时和应涌流幅值大于励磁涌流幅值。

2. 影响和应涌流的因素

由前面的分析可知，产生励磁涌流与和应涌流的根本原因均是变压器铁心饱和，但是导致变压器铁心饱和的原因却不相同。当变压器空载合闸时，由于其磁链不能突变，从而产生非周期磁链，稳态磁链叠加上非周期磁链，若合成瞬时磁链大于饱和磁链，变压器励磁电感降低，即出现数值很大的偏向时间轴一侧的励磁涌流；空载合闸产生的励磁涌流由系统供给，由于系统侧电阻的存在，该励磁涌流在线路上产生压降，引起相邻运行变压器端口电压出现直流分量，从而使运行变压器磁链发生变化，即励磁涌流的非周期分量在相邻运行变压器中产生反向偏磁，一段时间后，随着反向偏磁的不断累积，若瞬时磁链大于饱和磁链，将产生偏向时间轴另一侧的和应涌流。因此，系统阻抗、线路阻抗、变压器剩磁对和应涌流的产生和衰减都有影响。

系统电阻对和应涌流的影响大小取决于系统阻抗和变压器电阻的比值，比值越大，越容易产生和应涌流，且涌流的衰减也越慢。特别是低电压等级的小系统中系统电阻较大，更易产生和应涌流，而且和应涌流衰减得很慢，应当给予重视。线路阻抗与系统阻抗的作用基本一致。当系统与变压器之间的线路较短，阻抗较小时，将不利于和应涌流的产生。相比之下，若系统与变压器之间的线路较长，阻抗较大时，将有利于和应涌流的产生。但线路较长，阻抗较大，线路压降必然较大，致使变压器一次侧电压降低，变压器磁链的稳态分量减小，即工作点远离饱和区，将会减小和应涌流，起始涌流也将减小。空投变压器励磁涌流的大小与变压器剩磁大小有关，同样空投变压器的不同剩磁对和应涌流也将产生影响。在其他条件不变时，空投变压器的剩磁越大，合闸励磁涌流将越大，同时和应涌流也将越大，并且和应涌流出现及达到最大值的速度也越快。

3. 和应涌流对变压器差动保护的影响

以往的研究认为和应涌流中衰减十分缓慢的非周期分量导致的 CT 饱和是造

成差动保护误动的主要原因,但以往研究所考虑的模型与实际情况有较大偏差,主要是针对两台变压器并联且运行变压器空载的情况进行分析。特别值得注意的是,在实际电力系统中,运行变压器通常为带负荷运行,因而发生和应涌流时运行变压器两侧 CT 暂态饱和的程度是不同的,目前的研究缺乏对和应涌流导致差动保护误动本质原因的深入研究。实际电力系统中发生并联和应涌流与串联和应涌流的情况下,产生和应涌流的运行变压器两侧 CT 的暂态饱和程度是不同的,下文将会对并联与串联的和应涌流导致 CT 饱和后对差流二次谐波及间断角的影响进行分析,从而揭示并联与串联和应涌流引起差动保护误动的内在原因及可能性。

在并联条件下时,如图 4-11(a)所示的两台变压器并联系统,假设 T_1 利用 K 空载合闸时产生励磁涌流,并导致在 T_2 中产生和应涌流。由于微机保护中变压器差动保护算法已经校正了由变压器变比、接线组别以及变压器两侧 CT 额定电流不同而引起的电流幅值相位误差,因此认为如图 4-11(a)系统中,变压器变比与 CT 变比均为 1。$\dot{I}_1$、$\dot{I}_2$、$\dot{I}_L$ 分别表示变压器一次电流、二次电流、负荷电流的基波分量。显然,和应涌流主要流过系统侧的 CT_1 而不是负荷侧的 CT_2,CT_1 在和应涌流的作用下将有可能出现暂态饱和。下面分析系统侧 CT_1 出现暂态饱和时,变压器差动保护的动作特性。

对于如图 4-11(a)中变压器 T_2 的差动保护,当 CT_1 与 CT_2 未饱和时,差动保护测得的差动电流 $\dot{I}_{cd}$ 为

$$\dot{I}_{cd} = \dot{I}_1 - \dot{I}_2 \tag{4-15}$$

当 CT_1 饱和时,$\dot{I}_1$ 传变至 CT_1 二次侧的值为 $\dot{I}_1'$,此时差动保护测得的差动电流 $\dot{I}_{cd}'$ 为

$$\dot{I}_{cd}' = \dot{I}_1' - \dot{I}_2 = \dot{I}_{cd} - (\dot{I}_1 - \dot{I}_1') = \dot{I}_{cd} - \Delta\dot{I} \tag{4-16}$$

式中,$\Delta\dot{I} = \dot{I}_1 - \dot{I}_1'$ 为 CT_1 励磁涌流的基波分量。$\dot{I}_1$ 可认为由两部分组成:T_2 正常运行时的负荷电流 $\dot{I}_L$ 与 T_2 和应涌流的基波分量 $\dot{I}_m$(由于系统侧的直流电阻远小于负荷侧的直流电阻,认为和应涌流主要流过变压器系统侧)。

电力系统要求变压器所带负荷的功率因数一般不小于 0.9 或 0.95(滞后),因此 $\dot{I}_L$ 略滞后于母线电压 $\dot{U}_b$。$\dot{I}_m$ 为变压器励磁支路(纯电感)上的电流,其滞后于 $\dot{U}_b$ 90°。CT_1 饱和时,其二次侧电流 $\dot{I}_1'$ 超前于一次侧电流 $\dot{I}_1$,则 CT_1 的励磁电流 $\Delta\dot{I}$ 将滞后于 $\dot{I}_1$。$\Delta\dot{I}$ 可以认为由两部分组成:$\dot{I}_L$ 在饱和 CT_1 中的励磁电流分量 $\dot{I}_{Lm}'$ 与 $\dot{I}_m$ 在饱和 CT_1 中的励磁电流分量 $\dot{I}_{mm}'$,并且 $\dot{I}_{Lm}'$、$\dot{I}_{mm}'$ 分别滞后于 $\dot{I}_L$、$\dot{I}_m$。此外,CT_1 没有饱和时的差动电流 $\dot{I}_{cd}'$ 即为和应涌流 $\dot{I}_m$。由以上分析可以做出图 4-12 所

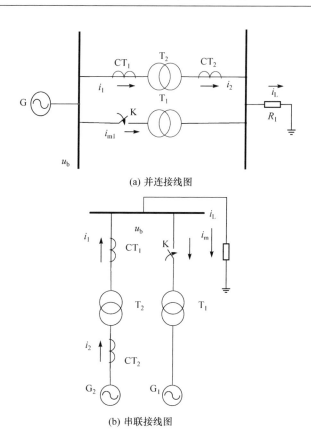

(a) 并连接线图

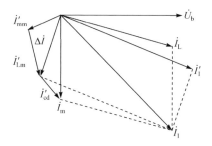

(b) 串联接线图

图 4-11　仿真系统接线图

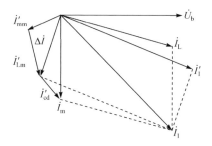

图 4-12　并联和应涌流时的基波相量图

示的相量图。

由图 4-12 可以看出,变压器 T_2 正常负荷运行时,负荷电流所引起的 CT_1 励磁电流分量 $\dot{I}'_{Lm}$ 与和应涌流 $\dot{I}_m$(即差动电流 $\dot{I}_{cd}$)的夹角小于 90°,即 $\Delta \dot{I}$ 对差动电流 $\dot{I}_{cd}$ 起抵消作用,使得 CT 饱和后的差动电流 $\dot{I}'_{cd}$ 的基波分量减小,而认为 T_2 正常负荷运行时负荷电流为正弦量,不含二次谐波。因此,发生并联和应涌流的变压器带负荷运行时,CT 饱和后的差动电流 $\dot{I}'_{cd}$ 的二次谐波含量将提高,有利于二次谐波制动。因此,在这种情况下,差动保护不易因和应涌流而误动。

在串联条件下时,产生串联和应涌流的等效电路如图 4-13 所示,假设 T_1 空载合闸产生励磁涌流,并导致在 T_2 中产生和应涌流。其中,R_s、L_s 表示电源侧的等值电阻与电感,R_{11}、L_{11} 与 R_{12}、L_{12} 分别表示空投变压器 T_1 的一次漏阻抗、二次漏阻抗,R_{21}、L_{21} 与 R_{22}、L_{22} 分别表示 T_2 一次漏阻抗、二次漏阻抗,L_{1m} 与 L_{2m} 分别表示 T_1、T_2 的励磁电感。

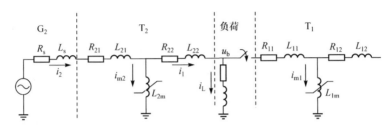

图 4-13　串联和应涌流等效电路

同上,亦认为变压器变比与 CT 变比均为 1。i_1 表示流过位于 T_2 二次侧的 CT_1 的一次电流,则显然 i_1 为 T_1 的励磁涌流 i_{m1} 与负荷电流 i_L 之和,即

$$i_1 = i_{m1} + i_L \tag{4-17}$$

i_2 表示流过位于 T_2 一次侧的 CT_2 的一次电流,则显然 i_2 为 T_1 的励磁涌流 i_{m1}、负荷电流 i_L 及 T_2 的和应涌流 i_{m2} 之和,即

$$i_2 = i_{m2} + i_1 = i_{m2} + i_{m1} + i_L \tag{4-18}$$

由于和应涌流与励磁涌流的方向相反,i_2 正负接近对称,没有很大的直流分量,而 i_1 有很大的直流分量,因此实际中发生串联和应涌流时,负荷侧的 CT 更容易饱和,而电源侧的 CT 一般不会饱和。所以下面主要分析负荷侧 CT_1 饱和对差动保护的影响。

对于图 4-13 中变压器 T_2 的差动保护,当 CT_1 与 CT_2 未饱和时,差动保护测得的差动电流 i_{cd} 为

$$i_{cd} = i_1 - i_2 \tag{4-19}$$

当 CT_1 饱和时,i_1 传变至 CT_1 二次侧的值为 i'_1,此时差动保护测得的差动电流 i'_{cd} 为

$$i'_{cd} = i'_1 - i_2 = i_{cd} - (i_1 - i'_1) = i_{cd} - \Delta i = -i_{m2} - \Delta i \tag{4-20}$$

式中，$\Delta i = i_1 - i'_1$ 为 CT_1 的励磁涌流，$i_{cd} = -i_{m2}$。和应涌流与励磁涌流的基波分量相位相近，即 i_{m1} 与 i_{m2} 基波分量具有相近的相位，而二次谐波的相位则接近相反。采用二次谐波制动的变压器差动保护是否误动的关键在于比率制动元件能否正确制动，即需要分析式(4-20)中 Δi 对差动电流中基波与二次谐波的影响，下面分别对差动电流中的基波与二次谐波进行分析。

　　式(4-20)与式(4-16)具有相同的形式，因此母线电压、负荷电流、T_1 励磁涌流等电气量基波的相位关系与并联和应涌流时的相同；不同的是，并联和应涌流时的差动电流为变压器的和应涌流，而串联和应涌流时的差动电流为负的变压器和应涌流。根据图 4-13 可以得到串联和应涌流时各电气量基波的相量图，如图 4-14(a) 所示，其中，$\dot{I}_L$、$\dot{U}_b$、$\dot{I}_{m1}$、$\dot{I}_{m2}$ 分别表示负荷电流 i_L、母线电压 u_b、T_1 励磁涌流 i_{m1}、T_2 和应涌流 i_{m2} 的基波分量，$\dot{I}'_1$ 与 $\Delta\dot{I}$ 分别表示 CT_1 二次电流与 CT_1 励磁涌流的基波分量，$\dot{I}'_{Lm}$ 为负荷电流引起的 CT 励磁电流基波分量，$\dot{I}'_{m1m}$ 为 i_{m1} 所引起的 CT_1 励磁电流基波分量。

　　由图 4-14(a) 可以看出，当变压器带负荷后，负荷电流所引起的 CT_1 励磁电流 $\dot{I}'_{Lm}$ 与 $-\dot{I}_{m2}$（即差动电流基波分量 $\dot{I}_{cd}$）方向相反，即 CT_1 中的励磁涌流 Δi 增加了差动电流中的基波分量。令 $\dot{I}'_{cd,2}$ 表示 i_{cd} 的二次谐波分量，$\dot{I}_{m2,2}$ 表示 i_{m2} 的二次谐波分量，$\dot{I}_{m1,2}$ 表示 i_{m1} 的二次谐波分量，$\Delta\dot{I}_2$ 表示 Δi 的二次谐波分量，可以近似认为 $\Delta\dot{I}_2$ 为 T_1 励磁涌流二次谐波分量在 CT_1 中引起的二次谐波励磁电流。式(4-20)可改写为

$$\dot{I}'_{cd,2} = -\dot{I}_{m2,2} - \Delta\dot{I}_2 \tag{4-21}$$

　　由式(4-21)可以得到图 4-14(b) 所示的相量图。由于 $\Delta\dot{I}_2$ 超前 $\dot{I}_{m1,2}$ 不会超过 $90°$，因此 $\Delta\dot{I}_2$ 对 $-\dot{I}_{m2,2}$ 起部分抵消作用，$|\dot{I}'_{cd,2}|$ 将小于 $|-\dot{I}_{m2,2}|$，即 CT_1 饱和会使差动电流中的二次谐波分量减小。而如图 4-14 所分析的 CT_1 饱和会使差动电流中的基波分量增大，因此 CT_1 饱和会使差动电流中的二次谐波含量降低，在某种条件下，二次谐波会低于二次谐波制动的阈值，二次谐波将不能制动。同时，因为 CT_1 饱和会使差动电流中的基波分量增大，所以差动电流也可能大于制动电流，这样变压器差动保护将有可能在串联和应涌流情况下误动作。

　　为验证以上理论的可靠性，现先以并联和应涌流为例进行仿真验证，如图 4-11(a) 系统中，T_1 合闸造成 T_2 产生和应涌流，引起 CT_1 饱和，T_2 差动保护的差流波形及其二次谐波含量如图 4-15(a) 所示。为清晰，图 4-15(b) 中仅显示局部的波形，其中 CT_1 在 $0.8s$ 时达到饱和。

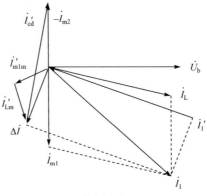

(a) 基波相量图

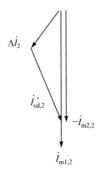

(b) 二次谐波相量图

图 4-14 级联和应涌流情况下的相量图

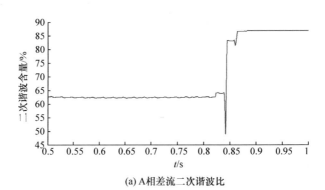

(a) A相差流二次谐波比

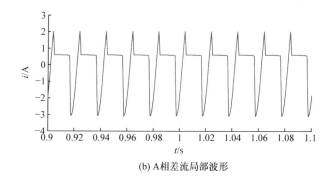

(b) A 相差流局部波形

图 4-15　考虑 CT 饱和的并联和应涌流情况下差流仿真波形

由图 4-15 可以看出,虽然 CT_1 出现了饱和,但差动电流中的二次谐波含量不但未下降,反而还有一定程度的上升,有利于二次谐波制动;差动电流中有较大的间断角,亦有利于间断角制动。差动保护出口需比率差动元件与涌流判别元件同时动作,所以无论涌流判别元件是采用二次谐波制动还是间断角原理制动,差动保护在并联和应涌流情况下均不易误动。

在变压器串联的情况下,如图 4-11(b)所示系统中,G_1、G_2 为 300MW 发电机,T_1、T_2 均为 20kV/220kV、360MV·A 变压器,所带负荷为(150＋j60)MV·A,CT_1 为 1000/5A 10P20 电流互感器,CT_2 为 12000/5A 10P20 电流互感器。变压器差动保护中,二次谐波制动比整定值为 0.15,差动保护最小动作电流为 0.5A,比率制动拐点电流为 2A,比率制动斜率为 0.5。T_1 合闸导致 T_2 产生和应涌流,造成 CT_1 饱和,图 4-16 为 B 相、C 相差动保护的相关波形,其中 CT_1 的 B 相饱和时间为 0.86s,CT_1 的 C 相饱和时间为 2.37s。图 4-16 为制动电流与差动电流工频量有效值。

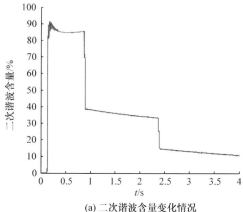

(a) 二次谐波含量变化情况

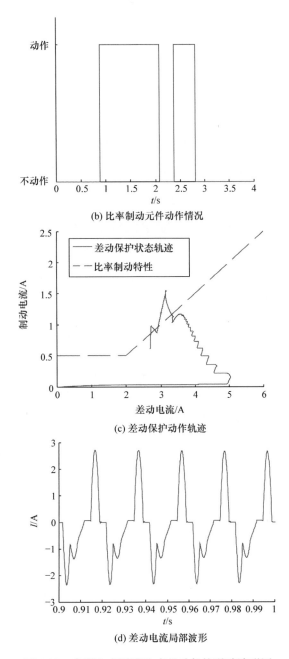

(b) 比率制动元件动作情况

(c) 差动保护动作轨迹

(d) 差动电流局部波形

图 4-16　串联和应涌流造成差动保护误动波形图

结合图 4-16 和图 4-17 可以看出,当 B 相互感器饱和时差动电流有所增大,而制动电流有所减小,比率制动已经出口,但此时差动电流中的二次谐波含量还较高

（虽然二次谐波含量也减小，但大于 15％），保护不会出口跳闸；当 C 相互感器饱和时，差动电流再次增大，制动电流再次减小，比率制动再次出口，此时差动电流中的二次谐波含量也再次降低且低于整定值 0.15，此时二次谐波制动失效，这样差动保护出口跳闸，保护发生误动作。由图 4-16(d) 中可以看出由于 CT$_1$ 饱和，差动电流中的间断角变得很小，依靠间断角制动的方法也将失效。

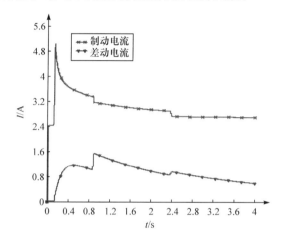

图 4-17　制动电流与差动电流工频量有效值

变压器的励磁涌流只流入变压器接通电源一侧的绕组。对差动保护回路来说，励磁涌流的存在就相当于变压器内部故障时的短路电流。因此，必须采取措施防止励磁涌流引起保护误动，在实际应用中主要利用二次谐波制动判据、间断角原理判据和波形对称判据来闭锁变压器差动保护。实践证明，这些方法对于单台变压器励磁涌流是行之有效的，但是对于和应涌流则不同。

和应涌流中的二次谐波成分并不是在和应涌流最大时最大，而是随着和应涌流的衰减而增大。这样，在一定的条件（合闸角及变压器的剩磁）下，差流中的基波分量可能大于差动继电器的整定值，而二次谐波含量可能小于谐波比制动系数，所以变压器差动保护有误动的可能。另外，理论分析和实验研究表明，和应涌流中的非周期分量衰减非常缓慢，而非周期分量的长时间作用，将有可能引起 CT 暂态饱和，产生差流，导致差动保护误动。对于二次谐波制动的变压器差动保护，当发生并联和应涌流时，和应涌流只流过运行变压器的一次绕组，差流中的二次谐波含量较大，保护误动的可能性较小。但是当发生串联和应涌流时，情况将有所不同。图 4-18 是两单相变压器发生串联和应涌流的等效电路。

按图 4-18 的串联结构同样利用 MATLAB 中的 PSB 建立仿真模型，进行串联和应涌流的仿真分析，仿真模型中的参数设置同并联结构模型，仿真结果如图 4-19 所示。

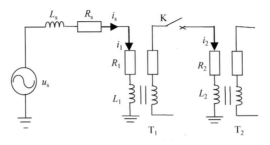

图 4-18　串联运行变压器和应涌流等效电路

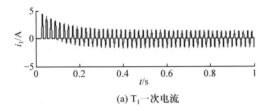

(a) T_1 一次电流

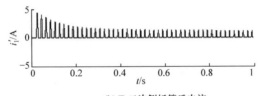

(b) T_1 二次侧折算后电流

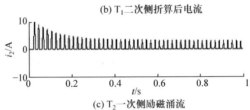

(c) T_2 一次侧励磁涌流

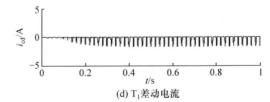

(d) T_1 差动电流

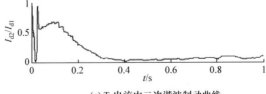

(e) T_1 电流中二次谐波制动曲线

图 4-19　串联和应涌流仿真

从图 4-19 中可以看出,此时变压器 T_1 的一次绕组流过的是和应涌流与励磁涌流之和,而二次绕组流过的是空载合闸变压器 T_2 的励磁涌流。假设变压器 T_1 两侧的 CT 暂态特性相同且没有传递误差,则 T_1 两侧的差流就是和应涌流,如图 4-18 中所示。但实际上由于和应涌流中非周期分量的长时间作用,CT 发生暂态饱和,使两侧 CT 的传变特性不再相同,这样在 T_1 差动回路中将同时存在励磁涌流与和应涌流,而因为励磁涌流与和应涌流是交替出现的,所以产生的差流是趋于对称的,因而其中所含的二次谐波含量很小,将使二次谐波制动判据失效,导致差动保护误动作。由此可见,在 CT 发生暂态饱和时,串联和应涌流的危害程度要比并联和应涌流大。

由于和应涌流中的非周期分量衰减非常缓慢,而且其中二次谐波成分是随着和应涌流的衰减而增大,如果考虑到在此过程中运行变压器发生了不对称内部故障,则变压器差动保护将会因为二次谐波制动而拒动。

通过以上分析可以看到,和应涌流中非周期分量的长期作用引起的 CT 暂态饱和以及差流中二次谐波含量降低是造成差动保护误动的主要原因。和应涌流除了会对差动保护产生影响外,还会引起变压器的电流距离保护误动,因此应当采取相应的措施加以防范。

(1) 为了防止 CT 的暂态饱和,可以在条件允许的情况下将暂态特性差的 P 级 TA 更换为 TP 级 TA。但由于受到现场条件的制约,这种方法实现起来相当有难度。除此之外,也可以在保护装置中增加非周期分量衰减较慢引起的 CT 局部暂态饱和判据。

(2) 在满足灵敏度要求的前提下,适当提高发电机及变压器差动保护的定值,也是防止和应涌流引起差动保护误动的重要方法。我国宁夏大坝发电厂就是采取这一措施,实践证明效果良好。井冈山华能电厂针对和应涌流引起的机组非计划停运也提出了同样的防范措施。

(3) 尽量避免可能产生和应涌流的运行操作,在变压器空载合闸时,可将运行中的变压器中性点拉开,减少两个变压器通过公共母线的电压耦合,以避免或减少出现和应涌流的机会,防止保护的误动作。但采用这一方法要考虑采取措施防止过电压对变压器造成的损坏。

(4) 由于和应涌流的出现并不会使合闸变压器励磁涌流增大,也不会使电源线路的总电流增大,因此那些在电流定值或阻抗定值上能躲过多台变压器励磁涌流的保护,也完全能躲过和应涌流。因此,应当正确整定变压器电流距离保护的各段定值,防止和应涌流引起变压器电流距离保护的误动作。

(5) 发生和应涌流时,运行变压器 Y_0 侧中性点会出现和应零序涌流,并且其中含有大量的二次谐波分量,因此可以利用此二次谐波分量构成零序二次谐波制动判据,防止和应涌流引起差动保护的误动。这种方式在变压器发生内部单相接地故障或相间故障的情况下，由于零序电流中二次谐波含量较少，不会将差动保护误闭锁。

4.3　本 章 小 结

　　本章主要针对当前存在的励磁涌流与内部故障判别方法种类繁多、励磁涌流与和应涌流难以区分，以及两种涌流对变压器保护产生的不利影响等问题，提出加速研制新判据非常迫切与重要。有观点认为：因为变压器发生励磁涌流时磁路发生饱和，变压器是一个非线性时变系统，其电压、电流并非线性相关，而是系统中独立的两个变量，所以只有应用电压、电流两个状态变量同时表述变压器的运行状态，信息才具有完备性。就理论而言，存在两种途径判别变压器励磁涌流与内部故障：一种途径是抛开差动保护的思路，应用变压器电流、电压信息，避开励磁涌流的问题；另一种途径是直面励磁涌流，寻求判别励磁涌流和内部故障的方法，这种途径应充分考虑励磁涌流时变压器铁心的非线性，如磁通特性法和波形鉴别法。

第5章　变压器励磁涌流识别

正常运行状态下励磁支路的励磁电流不超过额定电流的 2‰～5‰，然而，变压器空载合闸或故障切除后电压恢复过程中产生数值很大的励磁涌流，其大小可比拟短路电流，导致差动保护误动作。因此，变压器差动保护中须对涌流进行识别，以确保保护正确动作。

围绕电力变压器励磁涌流的判别，先后涌现出许多方法，包括电流波形特征识别法、磁通特性识别法、等值电路参数鉴别法和基于变压器回路方程法。

电流波形特征识别法一直是人们研究的热点，该方法以励磁涌流和内部故障电流波形特征的差异为依据，已运用于实践的有二次谐波制动原理、间断角原理和波形对称原理。二次谐波制动原理是根据励磁涌流产生的二次谐波远大于内部故障情况的特点，计算差流中的二次谐波含量，若其值较大，则判定为涌流。但是二次谐波制动原理存在如下缺点：励磁涌流是暂态电流，不适合用傅里叶级数的谐波分析方法。因为对暂态信号而言，傅里叶级数法的周期延拓将导致错误的计算结果；现代变压器磁特性的变化，使得涌流时二次谐波含量低，导致误动。间断角原理利用了涌流波形有较大间断角的特征，通过检测差流间断角的大小实现鉴别涌流的目的，但是面临着因 CT 传变引起的间断角变形问题，同时为了提高相角比较的正确性，必须提高采样率，并抑制 A/D 转换芯片在零点附近的转换误差。波形对称原理是利用差电流导数的前半波与后半波进行对称比较以区别励磁涌流和内部故障。该原理基于对励磁涌流导数波宽及间断角的分析，是间断角原理的推广。但是，涌流波形与许多因素有关，具有不确定性、多样性，波形对称的判定存在一定困难；而故障电流也并非总是正弦波，实际系统中必须考虑故障情况的多样性和故障波形的复杂性。

5.1　基于正弦拟合的励磁涌流识别

基于波形相关性的励磁涌流识别方法一直受到广泛关注。其基本思想是比较前后 $T/2$ 工频数据窗内波形的对称性构成识别判据，即励磁涌流的波形相关识别方法利用的是故障电流的基波特征。常见的方法有：①通过比较故障电流前后段波形的相关系数和方差构成励磁涌流识别判据比较鉴别励磁涌流；②利用内部故障时差动电流前半周期和后半周期内波形相关度高，励磁涌流波形相关性不高的特征构成自相关判据的波形比较法等。现对其原理进行介绍，并结合仿真给出实现效果。

　　当变压器发生内部故障时,其差动电流主要为基频量,若令其通过 50Hz 的带通滤波器,其幅值基本不变。而当空载合闸或者在外部故障切除后的电压恢复过程中,所产生的励磁涌流不仅含有基频分量,还含有丰富的谐波分量,在通过 50Hz 带通滤波器后,分频与高频谐波将会被滤除,励磁涌流幅值将显著减小。因此,可以根据差动电流在滤波前后的数值差异度来鉴别励磁涌流。

　　正弦拟合法是一种基于参数估计的拟合算法,其以正弦函数作为信号模型,利用最小二乘法对采样数据进行拟合,估计出正弦信号的频率、幅值与相位,从而得到其表达式。正弦拟合法类似于基频带通滤波器,因此,可以根据拟合正弦函数与实测差流的幅值差值来判断采样数据是否为基频量。设拟合正弦函数模型为

$$y(t) = A\sin(2\pi ft + \varphi) \tag{5-1}$$

式中,$y(t)$ 为拟合正弦信号的瞬时值;A 为正弦函数的拟合幅值;f 为工频周期,50Hz;φ 为正弦函数的拟合初相位。

　　当变压器发生内部故障时,其差动电流符合式(5-1)的等效函数模型,正弦函数的拟合幅值约等于实际幅值;出现励磁涌流时,其差流不再符合式(5-1)所示的等效函数模型,拟合幅值将偏离实际幅值,因此可根据拟合幅值与实际幅值之间的差值来判断差动电流是否为内部故障引起。

　　变压器带故障空载合闸时,若故障较严重,故障电流占主要成分,差动电流波形与只发生短路故障时的波形较为接近,以工频含量为主,波形呈正弦特征;对于轻微匝间故障且同时出现涌流时,短路电流数值小,励磁涌流数值较大,差动电流整体含二次谐波及高频谐波较多,波形偏离正弦波特征,导致未能及时发现内部故障。此时若从磁路角度来看,尽管在铁心饱和区域,励磁电流湮没了内部故障电流特征,但当铁心退出饱和之后,即励磁涌流波形处于间断角部分,差动电流以故障电流为主,与标准正弦波形一致,即变压器铁心非饱和区域内差动电流波形可准确反映变压器的运行工况。根据上述分析,可构造基于铁心非饱和区域内正弦拟合的励磁涌流鉴别方法,鉴别步骤如下所示。

　　步骤 1:对差动电流进行采样,并利用差分原理对其进行数据预处理。

　　在实际电力系统中,变压器的故障电流,受衰减直流分量的影响,有可能其波形偏离正弦波很多。因此,励磁涌流鉴别原理中需要去除构成变压器励磁涌流和内部故障电流波形偏离标准正弦波形的共同因素,保留甚至扩大其可区分特征量。对一个直流分量而言,其微分值为零,即可以利用差分算法去除变压器故障后暂态过程中的直流分量。对标准正弦波而言,对其进行差分计算之后为一标准余弦波,其幅值不变,进相位超前 90°。

　　步骤 2:寻找铁心非饱和区域。

　　寻找铁心非饱和区域,即判断所选采样时窗内的数据是否落在标准正弦波相

似部分,可采用定值判别方法识别。若采样数据落在与标准正弦波类似部分,可利用正弦拟合原理对波形进行预测;否则,判断为间断角部分,直接闭锁差动保护。

步骤 3:正弦拟合。

利用前 $T/8$ 数据对差流波形进行正弦拟合,得到其相应的标准函数模型 Y,并预测下一个周期内采样时刻对应的数值 $y(k)$。拟合波形与实际采样波形之间的归一化相关系数 ρ 的表达式为

$$
\rho = \left| \frac{\sum\limits_{k=1}^{n}(y(k),i(k))}{\sqrt{\sum\limits_{k=1}^{n}y(k)\sum\limits_{k=1}^{n}i(k)}} \right| \tag{5-2}
$$

式中,$y(k)$ 为利用正弦拟合函数预测的差动电流幅值;$i(k)$ 为实测差流幅值,$k=1,2,\cdots,n$ 为采样点个数。

拟合幅值与采样频率 f 及采样点数 N 有关,当采样时间 $T(T=N/f)$ 为 0.02s 的整数倍时,拟合幅值与实际幅值相比约为 0。本方法中采样频率取 20kHz,采样点数取 40 点,相应于采样时窗为 $T/8$。

ρ 反映采样波形与标准正弦波的相似程度,ρ 越小,说明相似程度越低。当某一相 ρ 大于阈值 ρ_{set} 时,判为变压器内部故障;反之,则判为励磁涌流,即

$$
\begin{aligned}
&若 \rho \leqslant \rho_{set}, \quad 则判为励磁涌流 \\
&若 \rho > \rho_{set}, \quad 则判为变压器内部故障
\end{aligned} \tag{5-3}
$$

本书中,ρ_{set} 设置为 0.7。

利用 MATLAB 仿真平台中的 SimPowerSystems 软件包搭建了仿真系统模型,如图 5-1 所示。

图 5-1 所示仿真系统中,变压器为三台单相三绕组变压器,采用 Yd11 接法。高压绕组接入 110kV 系统为变压器一次侧,中压绕组与低压绕组串联构成变压器二次侧。输电线路由 5 段 π 形等效电路模拟,每段长为 4km。变压器参数如表 5-1 所示,变压器磁化曲线参数如表 5-2 所示。

表 5-1　变压器参数

额定容量	250MV · A	变压器等效电阻	0.002p. u.
额定电压	110kV/10.5kV	变压器等效电抗	0.08p. u.

表 5-2　变压器磁化曲线参数

V_s/p. u.	0.3241	0.6128	0.8251	0.9154	1.0000	1.0802	1.1733	1.2612	1.4947
I_s/p. u.	0.0018	0.0049	0.0098	0.0150	0.0200	0.0309	0.0652	0.2036	1.2439

变压器正常运行时,差动电流处于稳定情况,消除由 CT 的计算变比与实际变

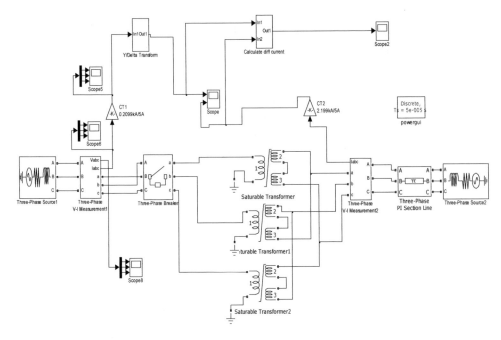

图 5-1　仿真系统模型

比不一致、变压器各侧 CT 型号不同、CT 传变误差和变压器分接头调节引起的不平衡电流影响后,其数值近似为零。变压器内部故障时,经过短暂的暂态过程,差动电流将过渡到故障后的稳态,如图 5-2(a)所示。与故障电流相比,在变压器空载合闸出现励磁涌流的过程中,由于铁心的高度非线性特性,电流波形在铁心进、退饱和时刻附近将表现出奇异特征,波形呈现尖顶波特征且偏向时间轴一侧,如图 5-2(b)所示。

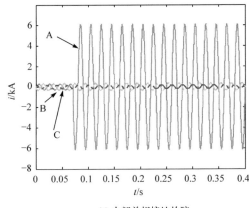

(a) 内部单相接地故障

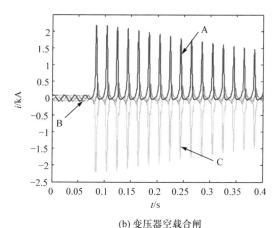

(b) 变压器空载合闸

图 5-2 差动电流仿真波形

以图 5-1 所示仿真系统为例，验证该辨识方法的正确性与有效性。图 5-3 为变压器空载合闸时的涌流波形。其中 I_A 与 I_C 波形位于时间轴一侧，为非对称涌流；I_B 波形在正负半轴穿越，为对称性涌流。图 5-4 为变压器 A 相出现匝地故障，故障电阻为 0.5Ω 时的差动电流波形。其中 B 相、C 相差流幅值较小，若采用分相差动保护时，保护不启动。

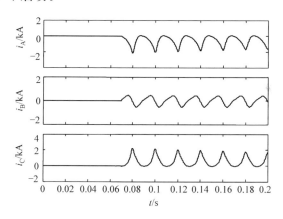

图 5-3 涌流时差动电流仿真波形

对图 5-3 和图 5-4 所示波形，分别取变压器发生故障或涌流后一个周期数据进行正弦拟合，拟合结果如图 5-5 和图 5-6 所示。图 5-5 为励磁涌流及其正弦拟合波形，其中非对称涌流和对称涌流与其正弦拟合波形间的相关度分别为 0.4531、0.3609，均小于阈值，变压器此时工况判定为空载合闸，闭锁差动保护。图 5-6 为内部故障时的差流及其正弦拟合波形，二者相似度为 0.9417，远高于阈值。变压器此时运行工况判定为内部故障，出口动作。

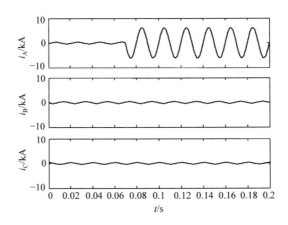

图 5-4 内部故障时差动电流仿真波形

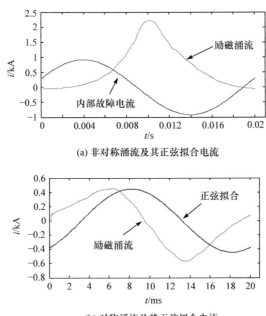

(a) 非对称涌流及其正弦拟合电流

(b) 对称涌流及其正弦拟合电流

图 5-5 励磁涌流及正弦拟合波形

当接地故障的接地电阻、变压器空载合闸的初始角以及变压器匝间故障的位置等因素变化时,对保护的可靠性做了大量仿真,部分结果如表 5-3 所示。

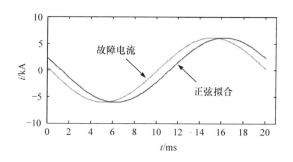

图 5-6 内部故障时的差流及其正弦拟合波形

表 5-3 基于正弦拟合的励磁涌流识别部分结果

内部故障/励磁涌流	接地电阻/Ω	ρ_a	ρ_b	ρ_c	与 ρ_{set} 关系	判别结果
内部 ABG	0	0.952	0.954	—	> > —	内部故障
	20	0.942	0.942	—	> > —	内部故障
	100	0.905	0.911	—	> > —	内部故障
内部 BG	0	—	0.942	—	— > —	内部故障
	20	—	0.932	—	— > —	内部故障
	200	—	0.926	—	— > —	内部故障
C 相 20% 匝间故障	0	—	—	0.942	— — >	内部故障
内部故障/励磁涌流	合闸角/(°)	ρ_a	ρ_b	ρ_c	与 ρ_{set} 关系	判别结果
空载合闸	0	0.256	0.360	0.212	< < <	励磁涌流
	10	0.337	0.412	0.135	< < <	励磁涌流
	45	0.426	0.315	0.442	< < <	励磁涌流
	90	0.382	0.395	0.341	< < <	励磁涌流

由表 5-3 中的计算结果可以看出,在不同故障类型下,由正弦拟合法计算得到的 ρ 差距明显,有较高的灵敏度,因此该方法能够容易辨识内部故障与励磁涌流。大量仿真数据表明,正弦波形相关度 ρ_{set} 的阈值取为 0.7 是较为合理的,但考虑到系统的复杂性和多样性,该阈值有待进一步验证。

在动模实验室的模拟变压器故障的环境下对上述方法进行验证,变压器变比为 220V/800V,分别设高压侧和低压侧 A、B 相接地故障,故障分别发生于高压侧与低压侧绕组 20%处,波形图如图 5-7 所示。

根据式(5-2)得到第一组数据 $\rho_a = 0.9816$,第二组数据 $\rho_a = 0.9973$,均可正确判为内部故障。

基于正弦拟合的励磁涌流识别算法通过辨识差流波形是否接近于工频正弦进行判断,主要是利用了励磁涌流波形的非对称性与间断角特征,仅需一个周期的分

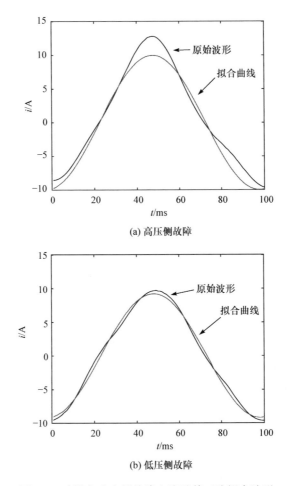

图 5-7　动模实验内部故障电流及其正弦拟合波形

量即可进行运算,算法简单,易于实现,与传统变压器励磁涌流辨识方法相比,该算法更适用于励磁涌流中非周期分量较为明显的情况,实现方法简单,有在实际工程中应用的可能。

5.2　基于数学形态学的励磁涌流识别

变压器正常运行时,差动电流近似为零,此时若出现内部故障,差动电流将在故障点处产生奇异信号,以 A 相、B 相两相匝间故障为例,其相应信号奇异点如图 5-8(a)中虚线所示。但在半周期后,差动电流进入故障稳态,其波形恢复到近乎平稳的状态。与故障电流相比,变压器出现励磁涌流的过程中,由于变压器磁路饱和,差动电流在铁心进、退饱和时刻附近将表现出奇异特征,且具有明显的尖顶波特征。以变压器空载合闸为例,此时的励磁涌流及其相应的信号奇异点分布如图 5-8(b)所示。

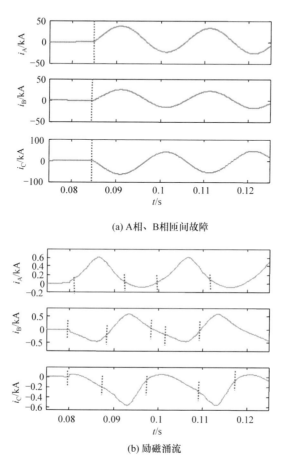

(a) A相、B相匝间故障

(b) 励磁涌流

图 5-8　三相差流及其奇异点分布

数学形态学可用来有效识别波形尖顶特征,因此可用于励磁涌流鉴别。当变压器差动保护元件启动后,取启动前 5ms 及启动后 20ms 数据,并利用式(5-4)提取其相应的故障分量 Δi,差动电流故障分量可以更好地反映内部故障与励磁涌流时的波形差异,式(5-4)中 N_T 为一个周期的采样总数。

$$\Delta i[k] = i[k] - i\left[k - \frac{N_T}{2}\right] \tag{5-4}$$

若假定采样得到的差动电流为内部故障引起的,则此时的差流波形近似标准正弦波。若采样间隔为 Δt,则对于任意 3 个连续采样时刻 t_k、$t_k + \Delta t$、$t_k + 2\Delta t$,有

$$\begin{cases} i_1 = I_m \sin(\omega t_k) \\ i_2 = I_m \sin(\omega t_k + \omega \Delta t) \\ i_3 = I_m \sin(\omega t_k + 2\omega \Delta t) \end{cases} \tag{5-5}$$

根据式(5-5)可求得虚拟电流幅值 I_m 为

$$I_m^2 = \frac{i_1^2 + i_3^2 + 2i_2^2 \cos(2\omega \Delta t)}{2\sin^2(\omega \Delta t)} \tag{5-6}$$

以 I_m 为幅值构造以一初相角为 90°的工频正弦波形作为其相应的虚拟正弦波电流 i_v：

$$i_v = I_m \sin\left(2\pi f \Delta t + \frac{\pi}{2}\right) \tag{5-7}$$

取一个合适半径大小的形态学结构元素 g（扁平形或半圆形），让它分别滚过实测差流 Δi 和虚拟正弦波电流 i_v 内侧，按照式(5-8)分别取其形态学波峰 top-hat 算子。

$$\begin{cases} \mathrm{Th}(\Delta i) = \Delta i - (\Delta i \circ g) \\ \mathrm{Th}(i_v) = i_v - (i_v \circ g) \end{cases} \tag{5-8}$$

变压器 A 相绕组始端 30%处发生单相接地故障时对应故障相的相应波形如图 5-9 所示,其中实线为实测内部故障时的差流波形,虚线为其相应的虚拟正弦波形。由图 5-9 可知,在故障发生半个周期后,其差动电流波形呈平稳的正弦波特质,求得此时实测差流波形与标准正弦波的形态学波峰算子如图 5-10 所示,图中实线为故障电流波峰算子,虚线为标准正弦波的波峰算子。

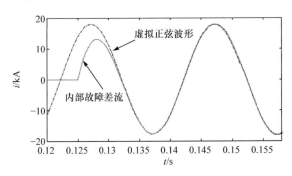

图 5-9　内部故障时的实测差流波形与虚拟正弦波形

由图 5-10 可知,当差动电流稳定之后,实测差流的形态学波峰算子与标准正弦波的波峰算子分布一致,大小相同。

变压器空载合闸时的励磁涌流波形如图 5-11 所示,其中实线为实测励磁涌流,虚线为其相应的虚拟电流。由图 5-11 可知,变压器铁心饱和时,励磁涌流具有

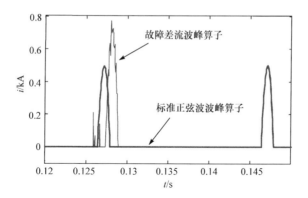

图 5-10　内部故障时实测差流波形与标准正弦波的形态学波峰算子

明显的尖顶特征,此时实测差流波形与虚拟正弦波的形态学波峰算子如图 5-12 所示,图中实线为励磁涌流的形态学波峰算子,实线为虚拟正弦波的波峰算子。

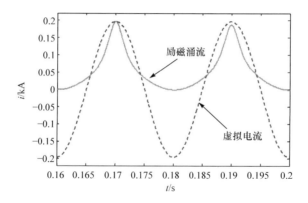

图 5-11　出现励磁涌流时的实测差流波形与虚拟正弦波形

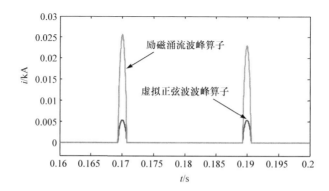

图 5-12　出现励磁涌流时实测差流波形与虚拟正弦波的形态学波峰算子

由图 5-12 可知,实测励磁涌流的形态学波峰算子与虚拟正弦波的形态学波峰算子分布一致,但数值差距很大。因此,可定义反映波形尖顶畸变程度的相对尖顶系数 K_s:

$$K_s = \max\left\{\frac{Th(\Delta i)}{Th(i_v)}\right\} \tag{5-9}$$

对应故障电流 $K_s \approx 1$,而对于励磁涌流 $K_s \gg 1$。由此可得保护判据如式(5-10)所示:

$$K_s \leqslant K_{set} \tag{5-10}$$

三相差动电流中有两相或三相满足式(5-10)时,保护动作。根据大量仿真结果 K_{set} 整定值取 1.3。

当接地故障的接地电阻、变压器空载合闸的初始角以及变压器匝间故障的位置等因素变化时,对保护的可靠性做了大量仿真,部分结果列于表 5-4 中。

表 5-4　基于数学形态学的励磁涌流识别部分结果

内部故障/励磁涌流	接地电阻/Ω	K_a	K_b	K_c	与 K_{set} 关系	判别结果
内部 ABG	0	1.032	1.053	1.031	＜　＜　＜	内部故障
	20	1.048	1.036	1.025	＜　＜　＜	内部故障
	100	1.061	1.512	1.043	＜　＜　＜	内部故障
内部 BG	0	1.000	1.023	1.002	＜　＜　＜	内部故障
	20	1.010	1.013	1.008	＜　＜　＜	内部故障
	200	1.017	1.009	1.002	＜　＜　＜	内部故障
C 相 20％匝间故障	0	1.003	1.012	1.035	＜　＜　＜	内部故障
内部故障/励磁涌流	合闸角/(°)	K_a	K_b	K_c	与 K_{set} 关系	判别结果
空载合闸	0	2.690	2.067	2.032	＞　＞　＞	励磁涌流
	10	2.200	2.123	2.122	＞　＞　＞	励磁涌流
	45	2.028	2.368	2.532	＞　＞　＞	励磁涌流
	90	1.946	2.017	2.632	＞　＞　＞	励磁涌流

通过对内部故障或励磁涌流发生后的一段电流数据进行正弦波形拟合,利用数学形态学提取出励磁涌流特有的波形畸变特征,根据提取出的波形峰值与拟合得到的正弦波波形峰值差异度构成判据,差异度较大则为励磁涌流,差异度较小则为内部故障。根据表 5-4 可以看出在不同故障情况或空载变压器合闸角的情况下该方法都适用。

在动模仿真模拟变压器故障的环境下对上述方法进行验证,变压器变比为 220V/800V,分别设高压侧和低压侧 A 相、B 相接地故障,故障分别发生于高压侧与低压侧绕组 20％处,计算可得第一组数据 $K_a = 1.033$,$K_b = 1.012$,$K_c = 1.012$,

第二组数据 K_a＝1.030，K_b＝1.008，K_c＝1.009，均可正确判为内部故障。

基于数学形态学的励磁涌流识别算法通过辨识差流波形是否在时间轴两侧有相同的幅值进行判断，主要利用了励磁涌流波形的非对称性特征，由于励磁涌流在时间轴两侧幅值对称的情况较少，故该算法适用于绝大部分励磁涌流，与传统变压器励磁涌流辨识方法相比，该算法更适用于非周期分量较为明显的情况。

5.3　基于多重分形谱的励磁涌流识别

变压器正常运行时，差动电流中仅含有少量的不平衡电流，可通过差动保护整定值进行有效屏蔽。出现内部故障时，差动电流突然增大，即在故障时刻产生奇异点。如果将差动电流波形图沿时间轴方向划分几个区域或支集，分别如图 5-13 和图 5-14 所示。定义每个区域的差流最大值与最小值之差为 Δi_{cd}，对比图 5-13 和图 5-14 可知，变压器铁心饱和时，几个支集的 Δi_{cd} 大小差别较大，内部故障时各支集内 Δi_{cd} 大小差别较小。将 Δi_{cd} 在每个区域内的分布情况定义为多重分形谱的质量分布概率，则变压器内部故障与涌流时的质量分布概率分布情况大不相同。

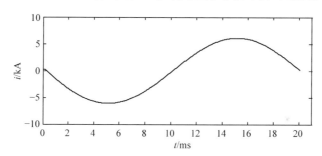

图 5-13　内部故障时的差流支集

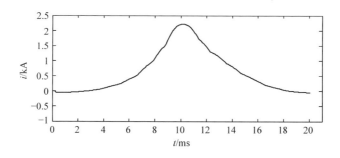

图 5-14　励磁涌流时的差流支集

变压器发生内部故障时，由于变压器绕组的波过程影响，会有部分频率极高的高频信号产生，但考虑到采集装置的实际情况，此高频信号不会被录波装置采集到。反映到采集波形上,即为故障后的平稳正弦波,此时在量测端测得的故障信息相对平缓,故障差流在不同时间段内的质量分布概率分布相对均匀;变压器空载合闸等过程中产生的励磁涌流,由于在铁心进入和退出饱和点的附近,励磁涌流波形中呈现多个奇异点,含有大量的二次谐波等倍频信号,其时域波形为一个非平稳、非周期的不规则信号,即励磁涌流在不同时间段内的质量概率分布是不均匀的。

由上面分析可知,变压器励磁涌流与内部故障时的差动电流不均匀度 $\Delta\alpha$ 存在很大差别。励磁涌流时,将一个周期内的差动电流划分成不同的支集,每个支集内的差流最大值和最小值相差较大,质量概率分布不均匀,即此时的不均匀度 $\Delta\alpha$ 较大;而发生变压器匝间故障、相间故障、出线端接地等内部故障时,同样将此时的差流划分为相同尺度的支集,各个支集内的差流差值相对较小,其质量概率分布相对均匀,不均匀度 $\Delta\alpha$ 较小。因此,可将不均匀度 $\Delta\alpha$ 作为变压器内部故障与励磁涌流的识别依据。

若变压器差动电流大于整定值,对差动电流 i_{cd} 沿时间方向划分为不同尺度 ε 的一维小盒子,盒子数为 n,由此可定义概率密度 $P_i(\varepsilon)$ 为

$$P_i(\varepsilon) = \frac{\Delta i_{cd}(\varepsilon)}{\sum\limits_{i=1}^{n} \Delta i_{cd}(\varepsilon)} \tag{5-11}$$

式中,$\Delta i_{cd}(\varepsilon)$ 为每一维小盒子最大值与最小值之差,$i=1,2,\cdots,n$。

对概率密度 $P_i(\varepsilon)$ 用 q 次方进行加权求和得到配分函数 $\chi_q(\varepsilon)$,配分函数 $\chi_q(\varepsilon)$ 与尺度 ε 存在以下关系:

$$\chi_q(\varepsilon) \equiv \sum p_i(\varepsilon)^q \tag{5-12}$$

式中,$q \in [-10,10]$。求 $\ln\chi_q(\varepsilon)$ 与 $\ln\varepsilon$ 曲线的斜率,即质量指数 $\tau(q)$,$\tau(q)$ 对 q 微分得到标度指数 α,即多重分形谱:

$$\alpha = \frac{d\tau(q)}{dq} \tag{5-13}$$

计算差动电流的多重分形谱不均匀度:

$$\Delta\alpha = \alpha_{max} - \alpha_{min} \tag{5-14}$$

式中,α_{min} 对应质量分布概率最小的子集;α_{max} 对应质量分布概率最大的子集。

由此可构成利用多重分形谱分析的励磁涌流鉴别判据:

$$\text{若 } \Delta\alpha \geqslant 1.25, \quad \text{则判为励磁涌流} \tag{5-15a}$$

$$\text{若 } \Delta\alpha < 1.25, \quad \text{则判为内部故障} \tag{5-15b}$$

所述测量变压器的差动电流时,时间窗长为 20ms,采样频率为 20kHz。当三相中任意一相满足式(5-15a)时,认为变压器铁心饱和,为励磁涌流。

以图 5-1 所示仿真系统为例,对变压器发生内部故障与励磁涌流时的差动电

流的多重分形谱进行分析比较。设采样频率为 20kHz,时间窗长为 20ms,对差动电流 i_{cd} 沿时间方向划分为不同尺度 ε 的一维小盒子,盒子数为 n,由此可定义概率密度 $P_i(\varepsilon)$。

当变压器出口处 A 相、B 相两相相间短路故障,其故障角为 0°,过渡电阻为 0.1Ω 时,选取适当的 q 值,根据式(5-12)求得配分函数 $\chi_q(\varepsilon)$,得到 $\ln \chi_q(\varepsilon)$ 与 $\ln\varepsilon$ 的关系,如图 5-15 所示。$\ln \chi_q(\varepsilon)$ 与 $\ln\varepsilon$ 曲线的斜率即是 $\tau(q)$,$\tau(q)$ 与 q 的关系如图 5-16 所示,可见,$\tau(q)$ 与 q 的线性度较好。

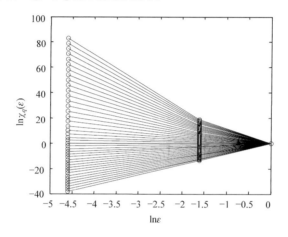

图 5-15　内部故障 $\ln \chi_q(\varepsilon)$ 与 $\ln\varepsilon$ 的关系曲线

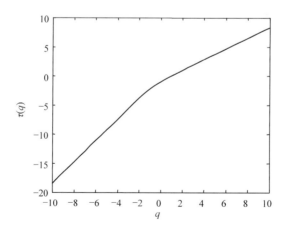

图 5-16　内部故障 $\tau(q)$ 与 q 的关系曲线

$\tau(q)$ 对 q 微分即得到标度指数 α,内部故障时的多重分形谱如图 5-17 所示。由变压器内部故障时的分形谱可见,$\alpha_{\min}=0.9089$,即质量分布概率最大的子集占比较大，$\alpha_{\max}=1.8321$，即质量分布概率最小的子集占比亦较大，$\Delta\alpha=0.9231$，即质量分布概率分布得相对均匀，所以不均匀度 $\Delta\alpha$ 较小。

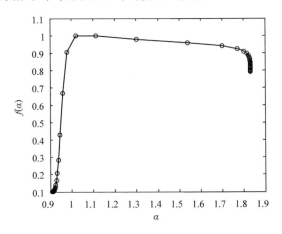

图 5-17　变压器内部故障时的多重分形谱

　　同理计算变压器出现励磁涌流时的多重分形谱，得到 $\ln\chi_q(\varepsilon)$ 与 $\ln\varepsilon$ 的关系图、$\tau(q)$ 与 q 的关系图及多重分形谱，分别如图 5-18～图 5-20 所示。对比变压器内部故障时的相关图形可知，励磁涌流求得的配分函数的最大值与最小值均小于线路外部故障时线模电压故障分量的配分函数的最大值与最小值，由励磁电流差值求得的 $\tau(q)$ 与 q 关系曲线线性度变差。

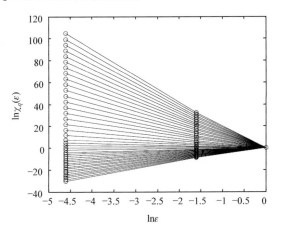

图 5-18　励磁涌流时的 $\ln\chi_q(\varepsilon)$
与 $\ln\varepsilon$ 的关系曲线

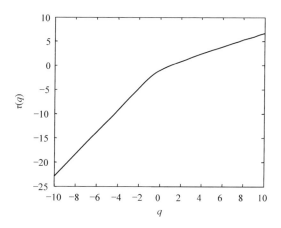

图 5-19　励磁涌流时的 $\tau(q)$ 与 q 的关系曲线

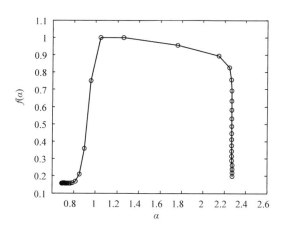

图 5-20　励磁涌流时的多重分形谱

由图 5-20 可知,在励磁涌流的多重分形谱中,$\alpha_{\min} = 0.6881$,$\alpha_{\max} = 2.2731$,$\Delta\alpha = 1.5850$,与内部故障时的差流多重分形谱进行比较,$\alpha_{\min}$ 偏小,即质量分布概率最大的子集占比较大,$\alpha_{\max}$ 偏大,即质量分布概率最小的子集占比较小,$\Delta\alpha$ 偏大,质量分布概率分布的不均匀程度偏大。

当接地故障的接地电阻、变压器空载合闸的初始角以及变压器匝间故障的位置等因素变化时,对保护的可靠性做了大量的仿真,部分结果列于表 5-5 中。

表 5-5　基于多重分形谱的励磁涌流识别部分结果

内部故障/励磁涌流	接地电阻/Ω	α_a	α_b	α_c	与 α_{set} 关系	判别结果
内部 ABG	0	0.9231	0.8345	0.055	$<$　$<$　$-$	内部故障
	20	0.8856	0.8912	0.051	$<$　$<$　$-$	内部故障
	100	0.9231	0.8345	0.060	$<$　$<$　$-$	内部故障
内部 BG	0	0.560	0.910	0.042	$<$　$<$　$<$	内部故障
	20	0.601	0.860	0.043	$<$　$<$　$<$	内部故障
	200	0.641	0.690	0.082	$<$　$<$　$<$	内部故障
C相20%匝间故障	0	0.069	0.947	0.035	$<$　$<$　$<$	内部故障
内部故障/励磁涌流	合闸角/(°)	α_a	α_b	α_c	与 α_{set} 关系	判别结果
空载合闸	0	1.585	1.470	1.356	$>$　$>$　$>$	励磁涌流
	10	1.524	1.491	1.388	$>$　$>$　$>$	励磁涌流
	45	1.496	1.502	1.413	$>$　$>$　$>$	励磁涌流
	90	1.342	1.478	1.511	$>$　$>$　$>$	励磁涌流

　　通过动模仿真模拟变压器故障的环境下对上述方法进行验证,变压器变比为220V/800V,分别设高压侧和低压侧 A 相、B 相接地故障,故障分别发生于高压侧与低压侧绕组 20%处,计算可得第一组数据 $\alpha_a=0.810,\alpha_b=0,\alpha_c=1.012$,第二组数据 $\alpha_a=1.030,\alpha_b=1.008,\alpha_c=1.009$,均可正确判为内部故障。

　　当为变压器内部故障时,在一个周期内,故障电流近似为标准正弦波,频率成分单一,各支集内的差流幅值差异小,利用多重分析谱进行分析其差异度较小;变压器空载合闸与外部故障切除后的电压恢复过程所引起的励磁涌流,在一个周期内,由于铁心进退饱和而存在许多倍频量,各支集内的差流幅值差异较大,利用多重分形谱进行分析时,其不均度较高。与传统变压器励磁涌流辨识方法相比,该算法无须提取谐波分量,亦不需要提取间断角信息,由此构成的励磁涌流识别算法较为简单。

5.4　基于时频分析的励磁涌流识别

　　小波分解技术能够把任意信号映射到一个由小波伸缩而成的一组基函数上,在通道范围内得到分布在不同频带的分解序列,更加清晰地刻画出暂态信号某频段的时频特性,可以为励磁涌流特征信息提取利用提供依据。利用小波分解理论结合能量的观点,可提高内部故障电流和励磁涌流识别的准确性。

　　在不同滑动时窗内利用离散小波变换对差动电流进行分解,其中滑动时窗移动过程如图 5-21 所示,每个时窗窗长为一个工频周期(20ms)。当发生内部故障或励磁涌流时,不同时窗内时频特征分布图分别如图 5-22 和图 5-23 所示。图中 x 轴表征时间分布、y 轴表征频带分布,z 轴表征对应时间频率下的能量分布。

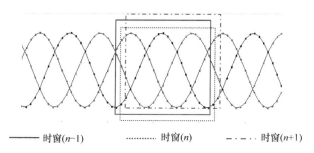

————时窗($n-1$)　　　········时窗(n)　　　—·—·—时窗($n+1$)

图 5-21　时窗移动示意图

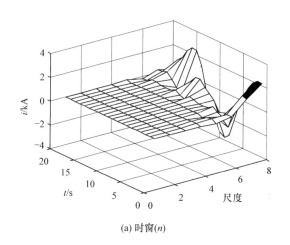

(a) 时窗(n)

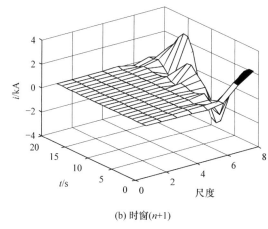

(b) 时窗($n+1$)

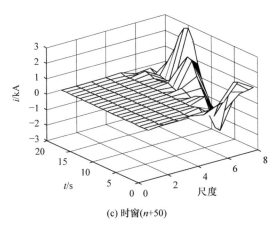

(c) 时窗(n+50)

图 5-22　不同时窗内内部故障电流时频特征分布

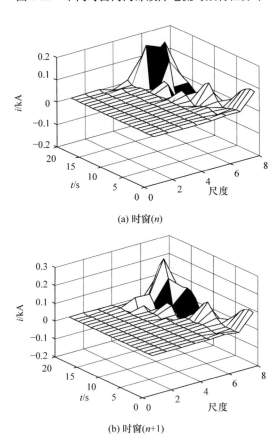

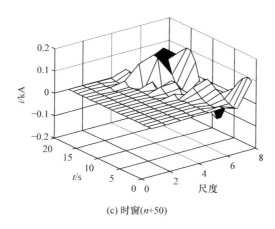

(c) 时窗($n+50$)

图 5-23　不同时窗内励磁涌流时频特征分布

　　图 5-22(a)和图 5-22(b)分别为同一工况下相邻时窗内差动电流时频特征分布图,图 5-22(c)为相隔 50 个滑动时窗的差动电流时频特征分布图。由图 5-22 可知,变压器发生内部故障后,其差动电流时频特征在不同时窗内分布基本一致:主要集中低频频带,且幅值基本不变。发生励磁涌流情况下,图 5-23(a)中第 1 个时窗内励磁涌流频率主要分布在 7、8 层且能量比约为 1∶1;图 5-23(b)第 2 个时窗内频率分布发生变化,主要以 5～8 层为主,其能量比约为 1∶1∶3∶2;图 5-23(c)与前两个时窗相比第 50 个时窗内励磁涌流频率成分变化更为剧烈,主要分布在第4～8 层,能量比约为 1∶1∶1∶1∶1。

　　变压器空载合闸或故障切除后电压恢复过程中,产生的励磁涌流是由不同频率分量构成的非线性、非平稳信号;变压器内部故障时的故障差流近似为工频正弦信号。故可以对差动保护启动后各滑动时窗的差动电流数据,经小波分解并将其分解至不同频带,利用相关系数表征不同时窗内差动电流时频特性及其变化规律,并结合综合相关系数构成励磁涌流识别判据。

　　若变压器差动电流大于整定值,利用离散小波分解对其连续 N 个滑动时窗内的数据进行分解。为满足 Nyquist 采样定理且更好地反映波形特征,本方案中采样率选用 20kHz,对于一个工频周期响应为 400 个采样点。变压器内部故障时,差动电流中含有大量工频成分,因此当采样率为 20kHz 时,应至少做 8 层小波分解,每一子频带对应的频率范围如表 5-6 所示。

表 5-6　DWT 分解后子频带频率成分

层数	1	2	3	4	5
小波成分	D1	D2	D3	D4	D5
频带/Hz	10000~5000	5000~2500	2500~1250	1250~625	625~312.5

层数	6	7	8	8
小波成分	D6	D7	D8	A8
频带/Hz	312.5~156.25	156.25~78.125	78.125~39.063	39.063~0

变压器内部故障后，差动电流呈现正弦特征，因而其频率为 50Hz，周期为 20ms。为保留完好一个周期信号的频率信息，小波分解窗长不应小于其周期，基于此，本方案中滑动时窗窗长为 20ms，即 400 个采样点，选择 50 个滑动时窗（$T/8$）。

根据式(5-16)计算每个滑动时窗内差动电流总能量 E_j，根据式(5-17)计算每个滑动时窗内各频带能量和 Ed_i，最后根据式(5-18)求取一个时窗内各子频带能量百分比 E_{ij}，如下所示：

$$E_j = \sum_{n=1}^{K} (I_j(n)^2) \tag{5-16}$$

$$\mathrm{Ed}_i = \sum_{n=1}^{K} (d_{i,n}^2) \tag{5-17}$$

$$E_{ij} = \mathrm{Ed}_i / E_j \times 100\% \tag{5-18}$$

式中，$j=1,2,\cdots,K$，$K=400$，为每个时窗内采样点；$i=1,2,\cdots,M$，$M=8$ 为 DWT 分解层数。

每个滑动时窗的时频特征量 $\boldsymbol{W}_{\mathrm{TF},j}$ 如式(5-19a)所示，总时频特征矩阵 $\boldsymbol{W}_{\mathrm{TF}}$ 如式(5-19b)所示：

$$\boldsymbol{W}_{\mathrm{TF},j} = \begin{bmatrix} E_{1j} & E_{2j} & \cdots & E_{Mj} \end{bmatrix}^{\mathrm{T}} \tag{5-19a}$$

$$\boldsymbol{W}_{\mathrm{TF}} = \begin{bmatrix} E_{11} & E_{12} & \cdots & E_{1k} \\ E_{21} & E_{22} & \cdots & E_{2k} \\ \vdots & \vdots & & \vdots \\ E_{M1} & E_{M2} & \cdots & E_{Mk} \end{bmatrix} \tag{5-19b}$$

定义两个相邻时窗内的综合时频特征相关系数为

$$\rho_{j,j+1} = \left| \frac{\mathrm{cov}(\boldsymbol{W}_{\mathrm{TF},j}, \boldsymbol{W}_{\mathrm{TF},j+1})}{\sqrt{D(\boldsymbol{W}_{\mathrm{TF},j})} \sqrt{D(\boldsymbol{W}_{\mathrm{TF},j+1})}} \right| \tag{5-20}$$

式中，$\mathrm{cov}(\boldsymbol{W}_{\mathrm{TF},j}, \boldsymbol{W}_{\mathrm{TF},j+1})$ 为时频特征量 $\boldsymbol{W}_{\mathrm{TF},j}$、$\boldsymbol{W}_{\mathrm{TF},j+1}$ 的协方差，$\mathrm{cov}(\boldsymbol{W}_{\mathrm{TF},j},$ $\boldsymbol{W}_{\mathrm{TF},j+1}) = E(\boldsymbol{W}_{\mathrm{TF},j} \cdot \boldsymbol{W}_{\mathrm{TF},j+1}) - E(\boldsymbol{W}_{\mathrm{TF},j}) E(\boldsymbol{W}_{\mathrm{TF},j+1})$，$\sqrt{D(\boldsymbol{W}_{\mathrm{TF},j})}$、$\sqrt{D(\boldsymbol{W}_{\mathrm{TF},j+1})}$ 为时频特征量的均方差，其中 $D(\boldsymbol{W}_{\mathrm{TF},j}) = E(\boldsymbol{W}_{\mathrm{TF},j}^2) - E^2(\boldsymbol{W}_{\mathrm{TF},j})$，$D(\boldsymbol{W}_{\mathrm{TF},j+1}) =$

$E(\boldsymbol{W}_{\mathrm{TF},j+1}^2)-E^2(\boldsymbol{W}_{\mathrm{TF},j+1})$。$\rho_{j,j+1}$ 的取值为 0～1，当相邻时窗内的时频特征量越相似，即相邻两个时窗内的差动电流的时频分布越接近，ρ 值越大。

选取 $\rho_{\mathrm{th}}=0.98$ 作为区分内部故障与励磁涌流的判据，当 $\rho_{j,j+1}<\rho_{\mathrm{th}}$ 时，令 $\rho_{j,j+1}=1$，否则 $\rho_{j,j+1}=0$。直接统计 0、1 的个数形成判据，判别流程如图 5-24 所示。

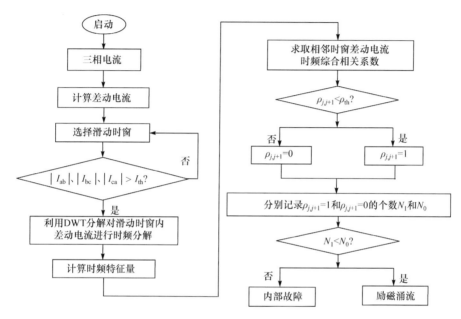

图 5-24　基于时频分析的励磁涌流鉴别方法

为了说明本方案的正确性和有效性，利用图 5-1 所示仿真系统进行仿真验证。当接地故障的接地电阻、变压器空载合闸的初始角以及变压器匝间故障的位置等因素变化时，对保护的可靠性做了大量的仿真，部分结果如表 5-7 所示。

表 5-7　基于时频分析的励磁涌流识别部分结果

内部故障/励磁涌流	接地电阻/Ω	S_{AB}	S_{BC}	S_{CA}	与 S_{set} 关系	判别结果
内部 ABG	0	0.02	0.01	0.01	＜　＜　＜	内部故障
	20	0.02	0.01	0.01	＜　＜　＜	内部故障
	100	0.02	0.01	0.01	＜　＜　＜	内部故障
内部 BG	0	0.02	0.02	0	＜　＜　＜	内部故障
	20	0.02	0.02	0	＜　＜　＜	内部故障
	100	0.01	0.01	0	＜　＜　＜	内部故障
C 相 20% 匝间故障	0	0	0	＋	＜　＜　＜	内部故障

续表

内部故障/励磁涌流	合闸角/(°)	S_{AB}	S_{BC}	S_{CA}	与 S_{set} 关系	判别结果
空载合闸	0	0.54	0.53	0.46	＞ ＞ ＞	励磁涌流
	10	0.51	0.48	0.46	＞ ＞ ＞	励磁涌流
	45	0.43	0.47	0.42	＞ ＞ ＞	励磁涌流
	90	0.01	0.41	0.52	＜ ＞ ＞	励磁涌流

　　由表 5-7 可见,基于时频分析的励磁涌流鉴别方法能够准确区分变压器励磁涌流和故障电流,且不受过渡电阻和合闸时刻影响。对图 5-7 所示动模实验数据进行 DWT 时频分析,计算可得第一组数据 $S_{AB}=0.01$,$S_{BC}=0.01$,$S_{CA}=0.01$,第二组数据 $S_{AB}=0.02$,$S_{BC}=0.01$,$S_{CA}=0.01$,均可正确判为内部故障。

　　与基于间断角或谐波分析的传统励磁涌流辨识方法相比,基于 DWT 时频分析的励磁涌流鉴别方法不是单纯地利用差动电流的单一特征,而是全面地分析了内部故障电流波形的稳定正弦特征,励磁涌流的波形偏向时间轴一侧,波形具有间断角等特征,融合了差流的幅值、相位、奇异性、频率分布等多重信息,所需计算并不复杂,有望在工程中得到应用。

5.5　基于 Park 变换的励磁涌流快速识别

　　在发生内部故障的情况下,变压器差流波形中包含故障产生的高频暂态量,在发生励磁涌流的情况下,变压器差流主要包含二次、三次等多次谐波,不包含高频暂态量。利用 Park 变换将三相电路变换至旋转的坐标系下,经过 Park 变换后,故障前稳态波形中的工频部分被滤除,暂态量更为明显。

　　Park 变换的基本原理如表 5-8 所示。

表 5-8　常用解耦变换

	变换矩阵(模相变换)	反变换矩阵(相模变换)
Park 变换(功率表达形式不变)	$T_{0,d,q}^{a,b,c}=\sqrt{\dfrac{2}{3}}\begin{bmatrix}\dfrac{1}{\sqrt{2}} & \cos\theta & -\sin\theta \\ \dfrac{1}{\sqrt{2}} & \cos(\theta-120°) & -\sin(\theta-120°) \\ \dfrac{1}{\sqrt{2}} & \cos(\theta+120°) & -\sin(\theta+120°)\end{bmatrix}$	$T_{a,b,c}^{0,d,q}=\sqrt{\dfrac{2}{3}}\begin{bmatrix}\dfrac{1}{\sqrt{2}} & \dfrac{1}{\sqrt{2}} & \dfrac{1}{\sqrt{2}} \\ \cos\theta & \cos(\theta-120°) & \cos(\theta+120°) \\ -\sin\theta & -\sin(\theta-120°) & -\sin(\theta+120°)\end{bmatrix}$

　　三相差流经过 Park 变换后得到 d 轴分量 i_d 和 q 轴分量 i_q,为突出波形中的变化量部分,定义如下公式求得 $i_{dq}[n]$:

$$i_{dq}[n] \overset{\text{def}}{=} (i_d[n])^2 + (i_q[n])^2 \tag{5-21}$$

式中,n 为第 n 个采样点,对 $i_{dq}[n]$ 进行小波变换,第一尺度下的高频分量 $D_{dq}[n]$ 为

$$D_{dq}[n] = \sum_{p=1}^{N-1} i_{dq}[p] h[n-p] \qquad (5\text{-}22)$$

式中,$h[n]$ 为小波高通滤波器系数;N 为时窗内采样点数目。

变压器发生内部故障后,差流波形中包含故障产生的高频分量,$D_{dq}[n]$ 的值应明显大于 0。当发生励磁涌流时,差流波形中仅包含涌流产生的谐波,没有故障产生的高频分量,$D_{dq}[n]$ 趋向于 0,根据 $D_{dq}[n]$ 中最大值的大小可以判别变压器内部故障和励磁涌流。

设变压器低压侧发生 A 相 1.5% 绕组接地故障,三相差流、i_d、i_q 和 D_{dq} 分别如图 5-24 所示。当变压器发生励磁涌流时,三相差流、i_d、i_q 和 D_{dq} 分别如图 5-25 所示。

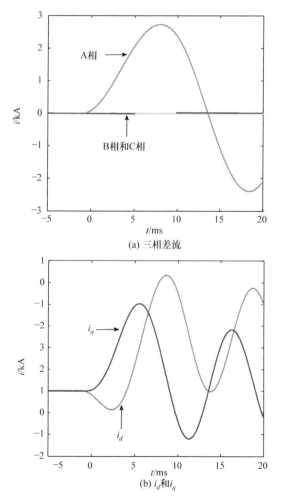

(a) 三相差流

(b) i_d 和 i_q

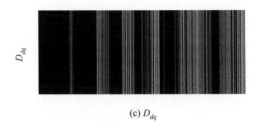

(c) D_{dq}

图 5-25　内部故障情况下三相差流、i_d、i_q 和 D_{dq}

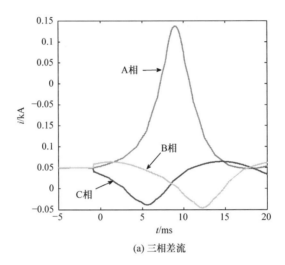

(a) 三相差流

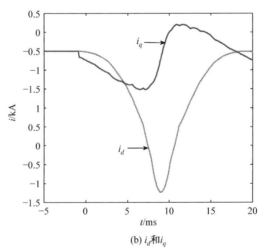

(b) i_d 和 i_q

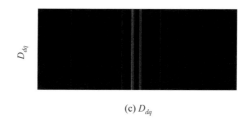

(c) D_{dq}

图 5-26 励磁涌流情况下三相差流、i_d、i_q 和 D_{dq}

图 5-25(c)和图 5-26(c)中,D_{dq} 最大值分别为 529 和 0.14,数值相差较大,且发生励磁涌流情况下 $D_{dq} \approx 0$,若忽略 D_{dq} 数值中小数点后的部分,仅考虑 D_{dq} 的整数部分,则发生励磁涌流情况下 $D_{dq}=0$,区分励磁涌流和内部故障的判据可写为

$$\max(D_{dq}) = \begin{cases} 0, & \text{未发生内部故障} \\ \varepsilon, & \varepsilon \neq 0, \text{发生内部故障} \end{cases} \tag{5-23}$$

基于 Park 变换和小波分解的变压器差动保护可以通过图 5-27 所示流程图实现。

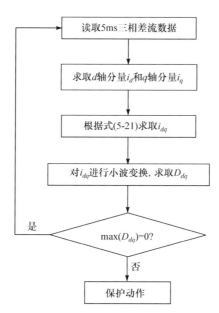

图 5-27 基于 Park 变换和小波分解的变压器差动保护

基于 Park 变换和小波分解的变压器差动保护仅需故障或涌流发生后 5ms 数据,通过 Park 变换将三相差动电流变换至旋转坐标系下,通过式(5-21)放大非工频量,对由式(5-21)计算得到的 i_{dq} 进行小波变换,求取第一尺度下的高频分量 D_{dq},忽略 D_{dq} 的小数位,仅考虑 D_{dq} 的整数位,当 $D_{dq} \neq 0$ 时,保护动作,反之,保护

不动作,保护算法继续计算下一组数据。

选取不同故障类型或励磁涌流后 5ms 的数据进行处理,所得 D_{dq} 最大值如表 5-9 所示。

表 5-9　于 Park 变换的励磁涌流快速识别部分结果

内部故障/励磁涌流	接地电阻/Ω	D_{dq} 最大值	判别结果
内部 ABG	0	1195	内部故障
	20	21	内部故障
	100	19	内部故障
内部 BG	0	529	内部故障
	20	12	内部故障
	100	9	内部故障
C 相 20% 匝间故障	0	95	内部故障
	20	34	内部故障
	100	6	内部故障
内部故障/励磁涌流	合闸角/(°)	D_{dq} 最大值	判别结果
空载合闸	0	0	励磁涌流
	10	0	励磁涌流
	45	0	励磁涌流
	90	0	励磁涌流

由表 5-9 可知,基于 Park 变换的励磁涌流快速识别方法能够辨识内部故障与励磁涌流。对图 5-7 所示动模实验数据进行 DWT 时频分析,计算可得第一组数据 D_{dq} 最大值为 145,第二组数据 D_{dq} 最大值为 98,均可正确判为内部故障。

在不同故障类型下,故障产生的波形突变较为明显,通过 Park 变换和小波分解计算得到的 D_{dq} 数值远大于 0。而在发生励磁涌流情况下,励磁涌流不会产生故障高频分量,在忽略 D_{dq} 输出的小数位后,励磁涌流情况下 D_{dq} 输出为 0,与传统励磁涌流判别方法相比,主要利用的是故障起始时刻出现的电流突变,所需时窗短,无须比较谐波成分或间断角出现与否。

5.6　基于差动电流相邻阶次差分构成的平面上相邻点距离的励磁涌流快速识别

3.3 节介绍了基于 CT 二次侧电流与其差分构成的平面上相邻点距离判别的饱和检测方法,该方法在二次侧电流及其差分构成的平面上分析波形相邻两点之间的欧氏距离,根据相邻两点之间距离大小判别 CT 是否饱和。借鉴 3.3 节所述

相邻点距离判别的检测方法,可以利用相邻点之间距离判别的方法区分励磁涌流
与内部故障。

　　将变压器低压侧发生 A 相 1.5% 绕组接地故障和变压器发生励磁涌流时的三
相差流数据代入式(3-6)~式(3-15),采样率为 1kHz,分别求取内部故障和励磁涌
流情况下 $d[1]$、$d[2]$、$d[3]$、dist1、dist2、dist3、Th1 和 Th2,为方便展示,以下图中
仅列出 A 相差流及利用 A 相差流计算得到的 $d[1]$ 等。低压侧发生 A 相 1.5% 绕组
接地故障和发生励磁涌流两种情况下,A 相差流分别如图 5-28(a)和图 5-29(a)所示,
以 $d[1]$ 为横轴,以 A 相差流为纵轴,所得图形分别如图 5-28(b)和图 5-29(b)所示,以
$d[2]$ 为横轴,以 $d[1]$ 为纵轴,所得图形分别如图 5-28(c)和图 5-29(c)所示,以 $d[3]$
为横轴,以 $d[2]$ 为纵轴,所得图形分别如图 5-28(d)和图 5-29(d)所示。

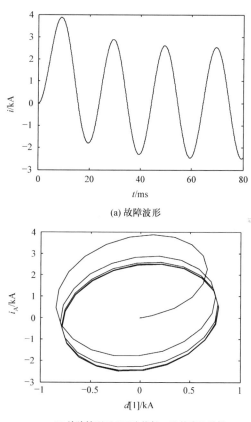

(a) 故障波形

(b) 故障情况以 $d[1]$ 为横轴、以差流为纵轴

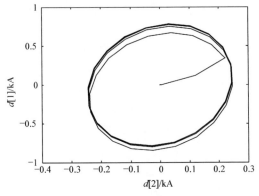

(c) 故障情况以$d[2]$为横轴、以$d[1]$为纵轴

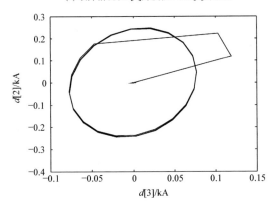

(d) 故障情况以$d[3]$为横轴、以$d[2]$为纵轴

图 5-28　故障情况三种平面上图形

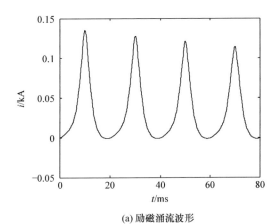

(a) 励磁涌流波形

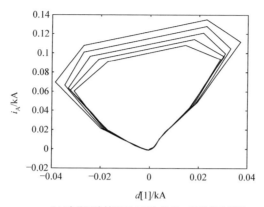

(b) 励磁涌流情况以 $d[1]$ 为横轴、以差流为纵轴

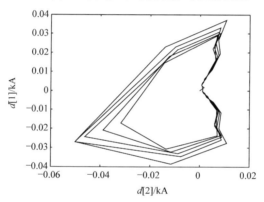

(c) 励磁涌流情况以 $d[2]$ 为横轴、以 $d[1]$ 为纵轴

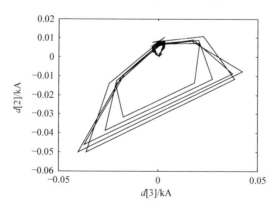

(d) 励磁涌流情况以 $d[3]$ 为横轴、以 $d[2]$ 为纵轴

图 5-29　励磁涌流情况三种平面上图形

由图 5-28(b)可知，$d[1]$ 与差动电流组成的波形会受到差流中衰减直流分量的影响，而图 5-28(c)和图 5-29(d)中，图形受衰减直流分量影响较小，故应选取 $d[2]$ 和 $d[1]$、$d[3]$ 和 $d[2]$ 平面上的图形进行励磁涌流判别。

利用式(3-14)作为是否发生励磁涌流的判据，利用图 5-28(a)所示内部故障差流计算得到的 dist2 和 Th1 如图 5-30(a)所示，利用图 5-29(a)所示励磁涌流差流计算得到的 dist2 和 Th1 如图 5-30(b)所示。$\text{dist2}(n)^2 = [d[2](n) - d[2](n-1)]^2 + [d[1](n) - d[1](n-1)]^2$，$\text{Th1}(n) = \mu_{\text{dist2}}(n) + 2\sigma_{\text{dist2}}(n)$，$\mu_{\text{dist2}}$ 为 dist2 的平均值，σ_{dist2} 为 dist2 的标准差，$d[2]$ 和 $d[1]$ 的计算式见 3.3 节。

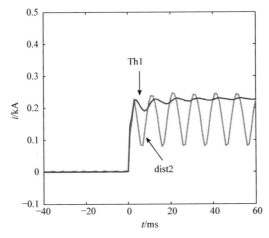

(a) 内部故障情况dist2和Th1比较

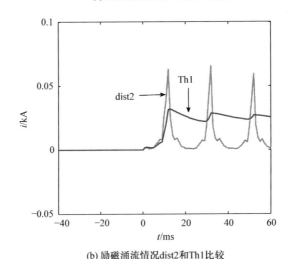

(b) 励磁涌流情况dist2和Th1比较

图 5-30　dist2 和 Th1 比较

由图 5-30 可知,发生内部故障情况下,在一定时窗内,dist2 与 x 轴围成的面积小于 Th1 与 x 轴围成的面积,发生励磁涌流情况下,在一定时窗内,dist2 与 x 轴围成的面积大于 Th1 与 x 轴围成的面积,选取故障或励磁涌流发生后 10ms 的数据进行计算,采样率为 1kHz,求取 dist2 和 Th1,对 dist2 和 Th1 进行积分分别求得 dist2$_{sum}$ 和 Th1$_{sum}$,根据式(5-24)判别内部故障和励磁涌流:

$$\text{若 } \text{dist2}_{sum} \leqslant \text{Th1}_{sum}, \quad \text{则判为发生内部故障} \tag{5-24a}$$
$$\text{若 } \text{dist2}_{sum} > \text{Th1}_{sum}, \quad \text{则判为发生励磁涌流} \tag{5-24b}$$

在图 5-30 所示示例中,当发生内部故障时,dist2$_{sum}$=1.304,Th1$_{sum}$=1.767,当发生励磁涌流时,dist2$_{sum}$=0.032,Th1$_{sum}$=0.027。对不同故障类型和过渡电阻进行遍历,所得结果如表 5-10 所示。

表 5-10 基于差动电流与其相邻阶次差分构成的平面上相邻点距离的励磁流涌流快速识别部分结果

内部故障/励磁涌流	接地电阻/Ω	dist2	Th1	判别结果
内部 ABG	0	1.411	1.910	内部故障
	20	1.810	3.567	内部故障
	100	1.807	3.571	内部故障
内部 BG	0	1.304	1.767	内部故障
	20	0.067	0.155	内部故障
	100	0.021	0.033	内部故障
C 相 20%匝间故障	0	0.018	0.027	内部故障
	20	0.017	0.026	内部故障
	100	0.017	0.025	内部故障
内部故障/励磁涌流	合闸角/(°)	dist2	Th1	判别结果
空载合闸	0	0.032	0.027	励磁涌流
	10	0.031	0.024	励磁涌流
	45	0.039	0.030	励磁涌流
	90	0.033	0.025	励磁涌流

由表 5-10 可知,对于不同故障类型和空载变压器合闸角,上述方法可以准确区分励磁涌流和内部故障。对图 5-7 所示动模实验数据进行相邻阶次差分分析,计算可得第一组数据 dist2=1.024,Th1=1.577,第二组数据 dist2=1.015,Th1=1.624,均可正确判为内部故障。

利用差动电流与其相邻阶次差分构成的平面上相邻点距离的判别方法是采用内部故障或励磁涌流后的数据相邻点之间距离进行判别,无须设置阈值,仅对故障或涌流后数据计算所得的两个值进行比较,所需采样率较低,仅 1kHz,采样率要求与传统励磁涌流辨识方法几乎一致,无须频域分解等复杂计算,易于在实际工程中实现。

5.7　基于差动电流梯度熵值的励磁涌流识别

在发生励磁涌流的情况下,在波形间断角的部分,差动电流梯度的角度接近于0,在一个工频周期内,差动电流梯度的角度较小,并多次接近于0。在内部故障情况下,除正弦波形峰值点外,变压器差流波形梯度的绝对值远大于0或小于0。根据差动电流梯度的角度变化规律,可以进行励磁涌流和内部故障判别。

设三相差流梯度的角度为

$$
\begin{bmatrix} \theta_{Aa} \\ \theta_{Bb} \\ \theta_{Cc} \end{bmatrix} = \begin{bmatrix} \arctan\left(\left| \dfrac{\partial i_{Aa}}{\partial t} \right| \right) \\ \arctan\left(\left| \dfrac{\partial i_{Bb}}{\partial t} \right| \right) \\ \arctan\left(\left| \dfrac{\partial i_{Cc}}{\partial t} \right| \right) \end{bmatrix} \tag{5-25}
$$

式中,i_{Aa}、i_{Bb}和i_{Cc}分别为 A、B、C 三相差流。

设差流梯度的角度绝对值序列为$|\theta(1)|$,$|\theta(2)|$,$\cdots$,$|\theta(N)|$,将其组成一组m维矢量:

$$
\boldsymbol{X}(n)=\begin{bmatrix} |\theta(n)| & |\theta(n+1)| & \cdots & |\theta(n+m-1)| \end{bmatrix} \tag{5-26}
$$

设矢量$\boldsymbol{X}(n_1)$与$\boldsymbol{X}(n_2)$间的距离为

$$
d(n_1,n_2)=\max(|\boldsymbol{X}(n_1+i)-\boldsymbol{X}(n_2+i)|) \tag{5-27}
$$

式中,$i=0\sim m-1$。给定阈值$r(r>0)$,统计$d(n_1,n_2)$小于r的数量,并计算如下比值:

$$
C_n^m(r)=\frac{\mathrm{num}[d(n_1,n_2)<r]}{N-m+1} \tag{5-28}
$$

式中,$\mathrm{num}[d(n_1,n_2)<r]$为$d(n_1,n_2)<r$的数量。根据式(5-29)计算$\Phi^m$:

$$
\Phi^m = \frac{1}{N-m+1}\sum_{n=1}^{N-m+1} \ln C_n^m(r) \tag{5-29}
$$

则序列$\theta(n)$的近似熵为

$$
\mathrm{APEN}(m,r,N)=\Phi^m-\Phi^{m+1} \tag{5-30}
$$

当$m=2$时,阈值$r\in[0.1\mathrm{SD}(|\theta(n)|),0.2\mathrm{SD}(|\theta(n)|)]$,$\mathrm{SD}(|\theta(n)|)$表示序列$|\theta(n)|$的标准差。

设变压器低压侧发生 A 相 1.5% 绕组接地故障,三相差流和差流梯度的角度绝对值分别如图 5-31 所示。当变压器发生励磁涌流时,三相差流和差流梯度的角度绝对值分别如图 5-32 所示,采样率为 5kHz,选取故障或涌流发生后 20ms 的数据进行内部故障与涌流判别。

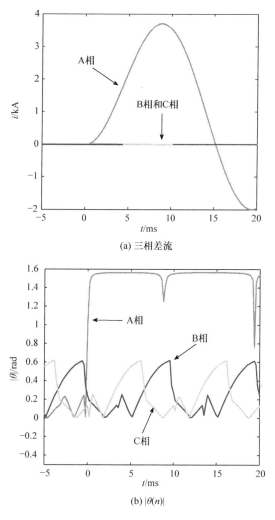

(a) 三相差流

(b) $|\theta(n)|$

图 5-31　单相故障时三相差流和差流梯度的角度绝对值

在图 5-31 所示单相故障情况下,根据式(5-25)~式(5-30)计算所得 A、B、C 三相的近似熵值 $APEN_A$、$APEN_B$ 和 $APEN_C$ 分别为 0.138、0.211 和 0.269。在图 5-32所示励磁涌流情况下,根据式(5-25)~式(5-30)计算所得 A、B、C 三相的近似熵值分别为 0.593、0.687 和 0.535。区分励磁涌流和内部故障的判据可写为

若 $\max(APEN_A, APEN_B, APEN_C) \leqslant \varepsilon$,　则判为发生内部故障　　(5-31a)

若 $\max(APEN_A, APEN_B, APEN_C) > \varepsilon$,　则判为发生励磁涌流　　(5-31b)

式中,ε 选为 0.3。选取不同故障类型或励磁涌流后 5ms 的数据进行处理,所得三

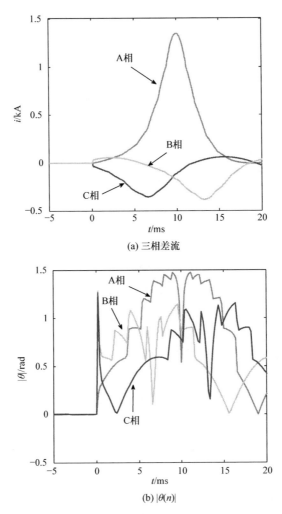

(a) 三相差流

(b) $|\theta(n)|$

图 5-32　励磁涌流时三相差流和差流梯度的角度绝对值

相近似熵如表 5-11 所示。

表 5-11　基于差动电流梯度熵值的励磁涌流识别部分结果

内部故障/励磁涌流	接地电阻/Ω	max(APEN$_A$, APEN$_B$, APEN$_C$)	判别结果
内部 AG	10	0.267	内部故障
	50	0.269	内部故障
	100	0.269	内部故障

内部故障/励磁涌流	接地电阻/Ω	max(APEN$_A$, APEN$_B$, APEN$_C$)	判别结果
内部 BCG	0	0.269	内部故障
	25	0.276	内部故障
	100	0.276	内部故障
内部故障/励磁涌流	合闸角/(°)	max(APEN$_A$, APEN$_B$, APEN$_C$)	判别结果
空载合闸	0	0.687	励磁涌流
	90	0.599	励磁涌流

由表 5-11 可知,利用差动电流梯度的角度绝对值近似熵能够对励磁涌流和内部故障进行区分。对图 5-7 所示动模实验数据进行差动电流梯度熵计算分析,计算可得第一组数据 max(APEN$_A$, APEN$_B$, APEN$_C$) = 0.254,第二组数据 max(APEN$_A$, APEN$_B$, APEN$_C$) = 0.261,均可正确判为内部故障。

在内部故障情况下,差动电流梯度的角度绝对值变化较小,角度绝对值序列复杂度较小,近似熵值较小,而在发生励磁涌流时,角度绝对值序列复杂度较大,近似熵值较大。与传统励磁涌流辨识方法相比,该算法利用了波形整体变化趋势,对采样率的要求不高,仅需一个时窗数据即可实现,有望随着微机技术的进一步发展而实现工程应用。

5.8　基于差动电流梯度归一化的励磁涌流识别

发生内部故障时,变压器两侧差流近似于正弦波形,若对离散化的差流波形进行求导,所得结果为

$$f'(t_n) = [A\sin(\omega t_n + \theta)]' = \frac{\omega A\cos(\omega t_n + \theta)}{\Delta t} \tag{5-32}$$

式中,Δt 为采样间隔。通过 $f'(t_n)$ 求取 $g'(t_n)$:

$$g'(t_n) = \frac{f'(t_n)}{\omega A} \tag{5-33}$$

求取 $g'(t_n)$ 的过程可以视为通过差流波形峰值与工频频率对求导结果进行归一化处理。在发生内部故障的情况下,$g'(t_n)$ 可近似视为峰值为 1 的余弦波形,波形最大值与最小值的绝对值之和近似于 2。而在发生励磁涌流的情况下,由于间断角的存在,差流波形在间断角附近的斜率大于工频正弦波形在零值附近的斜率,波形最大值与最小值的绝对值之和可能大于 2,并且存在波形斜率在较长时间范

围内趋向于 0 的特征,如图 5-33 所示。

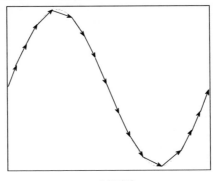

(a) 内部故障

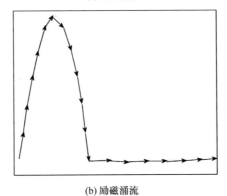

(b) 励磁涌流

图 5-33　差动电流波形

　　针对图 5-33 所示的内部故障波形与励磁涌流波形,取故障或涌流发生后 20ms 内的数据进行处理,通过式(5-37)和式(5-38)所得 $g'(t_n)$ 如图 5-34 所示。

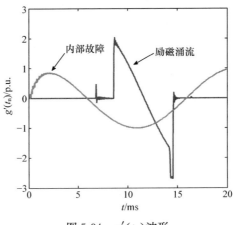

图 5-34　$g'(t_n)$波形

根据 $g'(t_n)$ 在励磁涌流情况下间断角附近波形斜率可能大于 1，存在较长时间斜率趋近于 0 的特征，构造判据：

$$\text{若}\begin{cases}\max(g'(t_n))+|\min(g'(t_n))|\geqslant 2+\varphi \\ \text{Num}(t_n<0.1\max(|g'(t_n)|))\geqslant N\end{cases}\text{，则判为励磁涌流}\quad(5\text{-}34a)$$

$$\text{若上述条件任一不满足，}\qquad\qquad\qquad\text{则判为内部故障}\quad(5\text{-}34b)$$

式中，$\varphi>0$，为保证判据在小角度故障情况下具有一定容错性，φ 可取为 1。N 为一个工频周期内数值接近于 0 的采样点个数，若波形趋向于正弦波形，采样数据绝对值小于峰值 10% 的数据约占一个周期采样数据的 13%，为避免采样分辨率较低或噪声干扰，N 可以取为

$$N=0.2\frac{T}{\Delta t}\qquad\qquad(5\text{-}35)$$

对于图 5-34 所示波形，在励磁涌流情况下，$\max(g'(t_n))+|\min(g'(t_n))|=4.7>3$，Num $(t_n<0.1\max(|g'(t_n)|))=294>40$，可以准确判别为励磁涌流，而在内部故障情况下，$\max(g'(t_n))+|\min(g'(t_n))|=2.0<3$，Num$(t_n<0.1\max(|g'(t_n)|))=28<40$，可以准确判别为内部故障。

选取不同故障类型或励磁涌流后 20ms 的数据进行处理，所得结果如表 5-12 所示。

表 5-12　基于差动电流梯度归一化的励磁涌流识别部分结果

内部故障/励磁涌流	接地电阻/Ω	$\max(g'(t_n))+|\min(g'(t_n))|$	$\text{Num}(t_n<0.1\max(|g'(t_n)|))$	判别结果
内部 AG	10	2.0	28	内部故障
	50	2.0	29	内部故障
	100	2.1	29	内部故障
内部 BCG	0	1.7	24	内部故障
	25	1.9	25	内部故障
	100	2.0	27	内部故障
内部故障/励磁涌流	合闸角/(°)	$\max(g'(t_n))+|\min(g'(t_n))|$	$\text{Num}(t_n<0.1\max(|g'(t_n)|))$	判别结果
空载合闸	0	4.6	291	励磁涌流
	90	4.1	272	励磁涌流

由表 5-12 可知，利用差动电流梯度归一化分析能够对励磁涌流和内部故障进行区分。对图 5-7 所示动模实验数据进行差动电流梯度熵计算分析，由于动模实验装置采样率为 5kHz，故根据式 (5-34)，N 取为 20。计算可得第一组数据 $\max(g'(t_n))+|\min(g'(t_n))|=4.5$，Num $(t_n<0.1\max(|g'(t_n)|))=8$，第二组数

据 $\max(g'(t_n))+|\min(g'(t_n))|=4.4$，$\mathrm{Num}(t_n<0.1\max(|g'(t_n)|))=10$，均可正确判为内部故障。

　　基于差动电流梯度归一化分析的励磁涌流辨识方法综合利用了励磁涌流波形非对称性与间断角特征。在发生内部故障时，差动电流波形仅在峰值附近梯度较小，而在发生励磁涌流时，间断角的存在导致差动电流波形存在长时间梯度趋于 0 的部分，且非对称性特征导致波形正负半周幅值相差较大。与传统励磁涌流辨识方法相比，该算法能够同时考虑非对称性与间断角两种特征，且无须进行频域分解，计算简单，有望在实际工程中得到应用。

5.9　基于差动电流顶点两侧采样点差值的励磁涌流识别

　　由于二次谐波的叠加，励磁涌流波形往往呈现非对称性，而在内部故障情况下，波形趋近于对称正弦波形，即使有衰减直流分量影响，差流依然保持近似于正弦波形，因此可以提出基于波形对称性的励磁涌流和故障电流区分方法。

　　设 $i_d(n)$ 为内部故障或励磁涌流波形在一个工频周期内的极大值点，以 $i_d(j)$ 为顶点，求取顶点两侧采样点数值之差，即

$$\mathrm{DF}(n)=i_d(j-n)-i_d(j+n) \tag{5-36}$$

　　利用式(5-36)对图 5-34 所示内部故障与励磁涌流波形求取顶点两侧采样点数值之差，所得结果如图 5-35 所示。

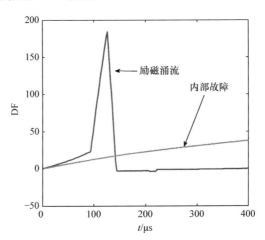

图 5-35　励磁涌流与内部故障对称性对比

　　由于二次谐波影响，励磁涌流呈现非对称性的特征，顶点两侧的波形存在一定差异，除间断角部分外，励磁涌流波形顶点两侧差值存在较大差距，而内部故障情况下，波形呈现较为明显的正弦特点，顶点两侧波形近似为对称结构，故顶点两侧

差值较小。

以一个工频周期内极大值点 $i_d(j)$ 对 $DF(n)$ 进行归一化处理,并求取最大值 DF_{max}:

$$DF_{max} = \max(|DF(n)/i_d(j)|) \tag{5-37}$$

区分励磁涌流和内部故障的判据可写为

　　　　　　若 $DF_{max} > \varepsilon$,　　则判为励磁涌流　　　　　　　(5-38a)

　　　　　　若 $DF_{max} \leqslant \varepsilon$,　　则判为内部故障　　　　　　　(5-38b)

式(5-38)中,ε 可取为 0.1。图 5-35 中,励磁涌流波形 $DF_{max} = 0.27$(归一化后),而内部故障波形 $DF_{max} = 0.028$(归一化后),可以根据式(5-36)对两种波形进行准确区分。选取不同故障类型或励磁涌流后 10ms 的数据进行处理,所得结果如表 5-13 所示。

表 5-13　基于差动电流顶点两侧采样点差值的励磁涌流识别部分结果

内部故障/励磁涌流	接地电阻/Ω	DF_{max}	判别结果
内部 AG	10	0.028	内部故障
	50	0.017	内部故障
	100	0.015	内部故障
内部 BCG	0	0.025	内部故障
	25	0.020	内部故障
	100	0.017	内部故障
内部故障/励磁涌流	合闸角/(°)	DF_{max}	判别结果
空载合闸	0	0	励磁涌流
	90	272	励磁涌流

励磁涌流波形中存在大量二次谐波,导致波峰两侧的波形不完全对称,而内部故障差流波形基本呈现工频正弦,基于差动电流梯度顶点两侧采样点差值的励磁涌流辨识方法利用了波峰两侧波形是否对称的特点,与传统励磁涌流辨识方法相比,所需时窗较短,实现简单。但是若发生涌流时二次谐波含量较少,波形对称性较高,则该方法将失效。

5.10　基于形态学骨架的励磁涌流识别

数学形态学原理简单,适用性强,在电力系统的信号处理中有这广泛的应用。非周期分量的快速衰减基本不会改变故障电流波形的正弦特征,各数据窗内的故障电流在波形上依然对称,因此需要获得更多的信息才能对故障进行有效识别。故障电流与励磁涌流在波形上的差别可以很好地体现在其波形骨架上,因此对电流波形提取其形态学骨架可以有效区分出内部故障与励磁涌流。

　　与小波分析不同的是，数学形态学所提取的是信号在时域而非频域所呈现出的特征，其基本算子是膨胀运算和腐蚀运算，膨胀运算和腐蚀运算的定义如下：

$$\begin{cases} f\oplus g(x)=\max\{f(x+s)+g(s)\,|\,x+s\in D_f, s\in D_g\} \\ f\ominus g(x)=\max\{f(x+s)+g(s)\,|\,x+s\in D_f, s\in D_g\} \end{cases} \tag{5-39}$$

式中，f 为待处理信号；g 为结构元素；$\oplus$ 为膨胀运算算子；$\ominus$ 为腐蚀运算算子；D_f 为待处理信号定义域；D_g 为结构元素定义域。其中当结构元素为 0 时，称为扁平结构元素，即 $g=\{0,0,\cdots,0\}$，则此时膨胀运算与腐蚀运算可简化为

$$\begin{cases} f\oplus g(x)=\max\{f(x+s)\,|\,x+s\in D_f, s\in D_g\} \\ f\ominus g(x)=\max\{f(x+s)\,|\,x+s\in D_f, s\in D_g\} \end{cases} \tag{5-40}$$

　　数学形态学骨架可以很好地保留原始信号中的信息，对一幅连续图像，采用不同半径的圆盘状结构元素对其进行腐蚀可提取不同骨架点，将不同骨架点连线获取其骨架。对于一维信号，可用如下方法提取骨架：

$$\begin{cases} S_\rho=\max\{e_\rho(f)\} \\ S_\rho(f)=\{(x_\rho, y_\rho)\} \\ S(f)=\bigcup S_\rho(f)=\{X_\tau, Y_\tau\} \end{cases} \tag{5-41}$$

式中，$e_\rho(f)$ 是采用长度为 ρ 的扁平结构元素进行腐蚀的结果；取腐蚀后波形的最大值作为骨架点，骨架点的横纵坐标为 (x_ρ, y_ρ)；$S(f)$ 是所有骨架点的集合；X_τ 是所有骨架点横坐标的集合，Y_τ 是所有骨架点纵坐标的集合。

　　计算时，首先取 $\rho=1$，计算出此时的骨架点 $S_1(f)$，然后增加结构元素长度后再进行腐蚀，提取下一个骨架点，每次腐蚀后结构元素长度都增加一个单位长度，实际应用中对原始一维信号进行六次腐蚀后的图像就可以得出较为明显的判断结果，因此在励磁涌流识别中取 $\rho\in[1,6]$，腐蚀后得到全部骨架点。

　　对于正弦周期信号，每个周期正负半轴严格对称，因此可以在半个周期内提取信号的骨架，但是在故障发生之后，故障信号受衰减直流分量影响，波形会发生偏移或畸变，因此正负半轴持续时间不再严格相等，此时，可根据过零点位置自适应选取合适时窗进行骨架提取。为了方便计算，对负半轴的采样值先取绝对值，再提取骨架点。

　　变压器在正常运行状态下，差动回路存在的不平衡电流很小，所以只需要根据变压器的运行状况选取合适的最小启动值。然而，内部故障和励磁涌流都会使得差动回路的电流大幅度增加。

　　励磁涌流和内部故障发生时的电流波形的骨架如图 5-36 所示。从图 5-36 可看出，骨架点纵坐标的集合 Y_t 中最小的元素在内部故障时的值较大，而在励磁涌流时的值较小，且此时的骨架点基本聚集在一条竖直的直线上。

　　由图 5-36 可以看出，典型的励磁涌流在一个周期内都有低斜率的部分，这体

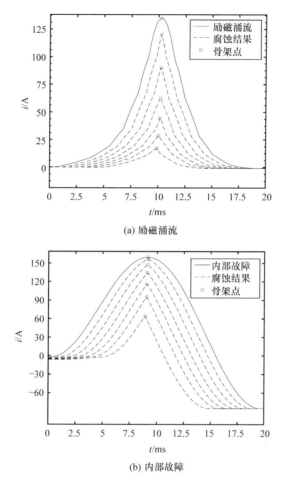

(a) 励磁涌流

(b) 内部故障

图 5-36　励磁涌流与内部故障发生时电流波形的骨架

现在其骨架上,使得 Y_t 中最小元素的值较小。因此,可以通过指标 δ 来识别内部故障,其定义如下:

$$\delta = \frac{y_{min}}{y_{max}} \tag{5-42}$$

式中,y_{min} 为 Y_t 中的最小元素;y_{max} 为 Y_t 中的最大元素。

由于对称涌流时,低斜率部分可能会消失。此外,在内部故障和励磁涌流同时出现时,也可能会出现低斜率的部分。这些特征使 y_{min} 的特征发生变化。因此,可分别设置两个阈值 δ_1、$\delta_2(\delta_1 \geqslant \delta_2)$,其中 $\delta \geqslant \delta_1$ 用来进行内部故障识别,δ_1 值可取为 0.3,$\delta < \delta_2$ 用来进行励磁涌流识别,δ_2 可取为 0.2。图 5-36 中的励磁涌流与内部故障波形可以根据式(5-42)进行准确区分。所得结果如表 5-14 所示。

表 5-14　基于形态学骨架的励磁涌流识别部分结果

内部故障/励磁涌流	δ	判别结果
内部故障	0.14	内部故障
	0.17	内部故障
	0.16	内部故障
励磁涌流	0.43	励磁涌流
	0.46	励磁涌流
	0.5	励磁涌流

5.11　本　章　小　结

　　本章主要根据励磁涌流和内部故障差动电流在时域波形特征上的不同,分别从励磁涌流波形不同于正弦波形及其复杂程度高于故障波形两个方面切入,提出了基于正弦拟合、数学形态学和多重分形谱的励磁涌流辨识方法,这三种方法从时域波形出发,根据励磁涌流波形与正弦波形相差较大的特点对励磁涌流和内部故障进行区分,但是三种方法都需躲开故障初瞬产生的高频暂态量,可能造成判别时间延迟。采用时频特征矩阵的励磁涌流识别方法利用了内部故障和励磁涌流在时频分布上的不同,但是需内部故障或励磁涌流发生后一个周期的数据。根据故障发生时差动电流突变点较为明显,而励磁涌流变化较为平缓的特点,利用 Park 变换放大波形突变程度,根据小波分解的高频分量对励磁涌流和内部故障进行区分,该方法仅需故障或涌流后 5ms 数据,且无须整定。根据内部故障差动电流分布较为均匀,励磁涌流差动电流分布不均的特点,利用差动电流与其相邻阶次差分构成的平面上相邻点距离的大小区分励磁涌流和内部故障,该方法仅需 1kHz 采样率,采样率低于以上几种方法,不需要整定值。基于差动电流梯度熵值与基于差动电流梯度归一化的辨识方法利用了励磁涌流存在较明显间断角的特点,计算较为简单,无须频域分析。基于差动电流顶点两侧采样点差值的辨识方法利用了二次谐波引起的波峰两侧波形不对称性,但是难以应对二次谐波含量较少的涌流情况。

第6章 增加电压检测量的新型变压器保护

6.1 基于测后模拟原理的变压器保护

变压器是一个非线性时变系统,其电压和电流并非线性相关,只用单一的电流量很难全面地描述变压器运行状态。随着新一代微机保护硬件性能的提升,在变压器主保护中引入电压量成为可能,综合电压、电流两个状态变量来描述变压器的运行状态,信息更为全面,为更好地识别励磁涌流和故障电流提供了新的方法和途径。

对于单相变压器,根据正常运行情况下电压器原二次电压和电流有如下关系:

$$\begin{cases} u_1 = i_1 r_1 + l_1 \dfrac{\mathrm{d}i_1}{\mathrm{d}t} + \dfrac{\mathrm{d}\psi_{\mathrm{m}}}{\mathrm{d}t} \\[2mm] u_2 = i_2 r_2 + l_2 \dfrac{\mathrm{d}i_2}{\mathrm{d}t} + \dfrac{\mathrm{d}\psi_{\mathrm{m}}}{\mathrm{d}t} \end{cases} \tag{6-1}$$

式中,u_1、u_2 为一次绕组、二次绕组上的瞬时电压;i_1、i_2 为一次绕组、二次绕组的瞬时电流;r_1、r_2 为一次绕组、二次绕组的电阻;l_1、l_2 为一次绕组、二次绕组的漏感;ψ_{m} 为一次绕组、二次绕组的互感磁链。

根据变压器正常运行情况下,一次侧、二次侧互感磁链平衡的原理,消去互感磁链,得到只包含变压器一次侧、二次侧的电压、电流以及相关绕组参数的方程式。设变压器的变比为1(即已做过相应归算),将式(6-1)中的 $\mathrm{d}\psi_{\mathrm{m}}/\mathrm{d}t$ 消去,可得

$$u_1 = u_2 + i_1 r_1 - i_2 r_2 + l_1 \frac{\mathrm{d}i_1}{\mathrm{d}t} - l_2 \frac{\mathrm{d}i_2}{\mathrm{d}t} \tag{6-2}$$

式(6-2)是根据变压器正常运行时的模型得到的,它适用于变压器正常运行、励磁涌流、过励磁和外部故障的情况。

电力变压器多采用 Y/△联结方式,如图 6-1 所示,以 Y/△接线的三相变压器为例对双绕组三相变压器的正常运行模型进行推导。图 6-1 中,u_{A}、u_{B}、u_{C} 为星形侧绕组中电压的瞬时值;u_{a}、u_{b}、u_{c} 为三角形侧绕组中电压的瞬时值;i_{A}、i_{B}、i_{C} 为星形侧绕组中电流的瞬时值;i_{a}、i_{b}、i_{c} 为三角形侧绕组外电流的瞬时值;i_{ac}、i_{cb}、i_{ca} 为三角形侧绕组中电流的瞬时值。

则 Y 侧回路方程为

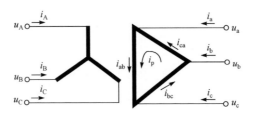

图 6-1　Y/△接线的三相变压器

$$
\begin{cases}
u_A = i_A R_A + L_A \dfrac{di_A}{dt} + \dfrac{d\psi_{ma}}{dt} \\[2mm]
u_B = i_B R_B + L_B \dfrac{di_B}{dt} + \dfrac{d\psi_{mb}}{dt} \\[2mm]
u_C = i_C R_C + L_C \dfrac{di_C}{dt} + \dfrac{d\psi_{mc}}{dt}
\end{cases}
\tag{6-3}
$$

式中，L_A、L_B、L_C 为星形侧绕组中漏感，ψ_{ma}、ψ_{mb}、ψ_{mc} 为各相两次绕组的公共磁链。

$$
\begin{cases}
u_a = i_{ca} r_a + L_a \dfrac{di_a}{dt} + \dfrac{d\psi_{ma}}{dt} \\[2mm]
u_b = i_{ba} r_b + L_b \dfrac{di_b}{dt} + \dfrac{d\psi_{mb}}{dt} \\[2mm]
u_c = i_{bc} r_c + L_c \dfrac{di_c}{dt} + \dfrac{d\psi_{mc}}{dt}
\end{cases}
\tag{6-4}
$$

式中，L_a、L_b、L_c 为星形侧绕组中漏感。

星形侧和三角形侧绕组电阻值分别为：$R_A = R_B = R_C = R$，$r_a = r_b = r_c = r$；漏感值分别为：$L_A = L_B = L_C = L_1$，$L_a = L_b = L_c = L_2$。

三角形侧绕组中的电流与绕组外电流符合：

$$
\begin{cases}
i_a = i_{ac} - i_{ba} \\
i_b = i_{ba} - i_{cb} \\
i_c = i_{cb} - i_{ac}
\end{cases}
\tag{6-5}
$$

利用式(6-5)，并消去公共磁链，可将式(6-3)、式(6-4)合并为

$$
\begin{cases}
u_\alpha = i_a r - (i_A - i_B) R + L_1 \dfrac{di_a}{dt} - L_2 \dfrac{d(i_A - i_B)}{dt} + u_A - u_B \\[2mm]
u_\beta = i_b r - (i_B - i_C) R + L_1 \dfrac{di_b}{dt} - L_2 \dfrac{d(i_B - i_C)}{dt} + u_B - u_C \\[2mm]
u_\gamma = i_c r - (i_C - i_A) R + L_1 \dfrac{di_c}{dt} - L_2 \dfrac{d(i_C - i_A)}{dt} + u_C - u_A
\end{cases}
\tag{6-6}
$$

式中，$u_\alpha = u_a - u_b$，$u_\beta = u_b - u_c$，$u_\gamma = u_c - u_a$，对于离散信号，可用中点差分代替

微分。

式(6-6)是根据 Y/△接线变压器正常运行情况推导而来,式中只包含变压器一次侧、二次侧的电压、电流以及相关绕组参数。变压器发生外部故障时,变压器各项参数均未变化,变压器模型唯一稳恒,利用式(6-6)模拟计算得到的二次电压与实测电压波形高度相似。变压器发生内部故障(匝间故障、匝地故障、相间故障等)时,变压器内部结构发生改变,其等效电路模型随之变动,式(6-6)所示平衡关系将被打破。此时,若利用式(6-6)进行运算,计算得到的二次电压与实测电压将出现极大的偏差。变压器出现励磁涌流及过励磁时,变压器励磁支路虽会不断地进退饱和,但其内部参数结构并未发生变动,因而利用正常运行时的电路模型仍可正确模拟出二次侧线模电压。

由以上分析可知,实测信号与基准变压器模型的匹配程度,亦体现在实测电压波形与模拟计算的电压波形的差异上,故可定义波形一致性系数 $\Delta_n(n=\alpha,\beta,\gamma)$ 来度量实测信号与基准变压器模型的匹配程度,构成识别变压器内外故障的判据;当 $\Delta_n \leqslant \Delta_{\text{set}}$ 时,为变压器内部故障;当 $\Delta_n > \Delta_{\text{set}}$ 时,为变压器外部故障或产生励磁涌流。

本节对于变压器几种典型工况进行分析,以便提取不同工况下的模拟信号特征,形成基于测后模拟思想的变压器保护的高性能判据。

1. 变压器外部故障

设变压器二次侧发生外部故障,二次侧故障相电压降低,电流增大,引起变压器一次侧的电压和电流变化。图 6-2 中展示外部线路发生单相接地故障时,变压器两侧各电气量的变化情况,因为故障发生于变压器二次侧,所以二次侧的电压和电流变化较为剧烈。

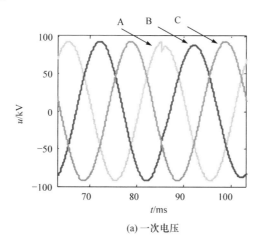

(a) 一次电压

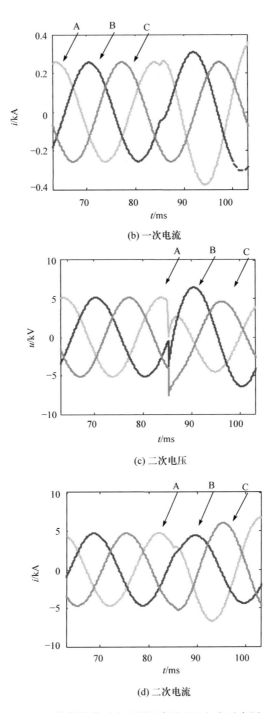

(b) 一次电流

(c) 二次电压

(d) 二次电流

图 6-2　外部故障时变压器两侧电压、电流示意图

利用式(6-6)对故障后的电压和电流数据进行计算,图 6-3 中深色实线为实测电压信号 u_α、u_β 和 u_γ,浅色虚线为模拟计算得到的 $\tilde{u}_\alpha$、$\tilde{u}_\beta$ 和 $\tilde{u}_\gamma$。图 6-3(a)为故障发生后 5ms 数据窗内实测电压与模拟电压之间的相关度,Δ_α、Δ_β、Δ_γ 分别为 0.9925、0.9305、0.8099;图 6-3(b)为故障发生时刻起经半个周期后的 5ms 数据窗内实测电压与模拟电压之间的相关度,Δ_α、Δ_β、Δ_γ 分别为 0.9935、0.9586、0.7865。

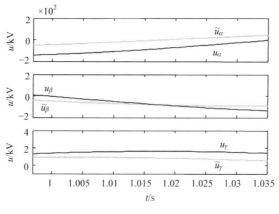

(a) 时窗为故障后5ms

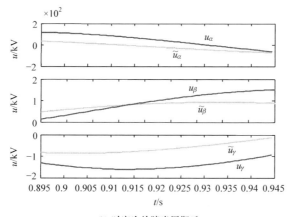

(b) 时窗为故障半周期后5ms

图 6-3　外部故障时实测电压与模拟电压波形

由图 6-3 可知,不管是否经过半个周期的延时,变压器外部故障时的等效模型都与变压器正常运行时的等效模型一致,实测电压波形与模拟电压波形相关性较高。

2. 变压器内部故障

变压器内部故障时,两侧的电压和电流均发生较大变化,变压器三角形侧发生A、B两相相间短路时,一次侧、二次侧的电压和电流如图 6-4 所示。

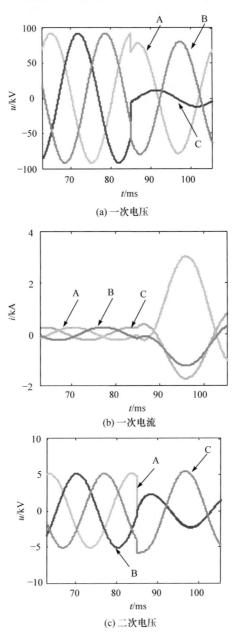

(a) 一次电压

(b) 一次电流

(c) 二次电压

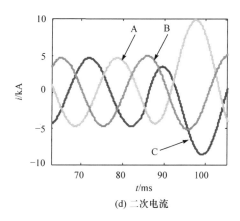

(d) 二次电流

图 6-4　内部故障时变压器两侧电压、电流示意图

利用式(6-6)对故障后的电压和电流数据进行计算,图 6-5 中深色实线为实测电压信号 u_α、u_β 和 u_γ,浅色虚线为计算得到的 $\tilde{u}_\alpha$、$\tilde{u}_\beta$ 和 $\tilde{u}_\gamma$。图 6-5(a)为故障发生后 5ms 数据窗内实测电压与模拟电压之间的相关度,Δ_α、Δ_β、Δ_γ 分别为 0.2070、-0.0876、-0.1051;图 6-5(b)为故障发生时刻起经半个周期时延后的 5ms 数据窗内实测电压与模拟电压之间的相关度,Δ_α、Δ_β、Δ_γ 分别为 0.9917、-0.3838、-0.0432。

在内部故障开始瞬间,电压波形呈现阶跃变化,反映在变压器各侧电气量含有较高的暂态分量,增大了模型的畸变度;故障半个周期后,各电气量趋于故障稳态,以 A、B 两相相间故障为例,故障相之间的电压趋近于 0。无论模拟计算时窗选择在故障后 5ms 还是故障半周期后的 5ms,故障相的模拟电压和实测电压之间的波形相关度都为负。由以上分析可知,变压器内部故障时,其内部结构发生改变,原正常运行时的等效电路模型遭到破坏,式(6-2)所示平衡被打破。

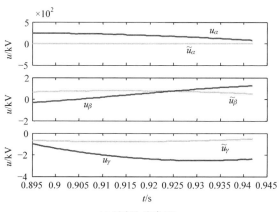

(a) 时窗为故障后5ms

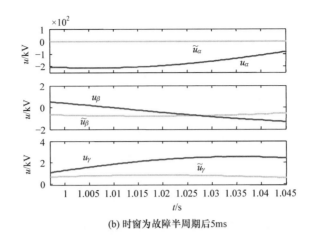

(b) 时窗为故障半周期后5ms

图 6-5　内部故障时实测电压与模拟电压波形

3. 变压器空载合闸

变压器空载时,变压器二次电流为 0,在 0.07s 时于变压器星形侧进行空载合闸,此时电压量呈阶跃上升,由于磁链不可突变,变压器铁心进入饱和状态,一次电流出现较大的励磁涌流,如图 6-6 所示。

利用式(6-6)对故障后的电压和电流数据进行计算,图 6-7 中深色实线为实测电压信号 u_α、u_β 和 u_γ,浅色虚线为计算得到的 $\bar{u}_\alpha$、$\bar{u}_\beta$ 和 $\bar{u}_\gamma$。图 6-7(a)为故障发生后 5ms 数据窗内实测电压与模拟电压之间的相关度,Δ_α、Δ_β、Δ_γ 分别为 0.2109、0.9884、0.9910;图 6-7(b)为故障发生时刻起经半个周期后的 5ms 数据窗内实测电压与模拟电压之间的相关度,Δ_α、Δ_β、Δ_γ 分别为 0.9935、0.9586、0.7065。

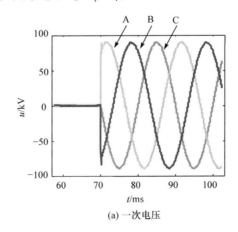

(a) 一次电压

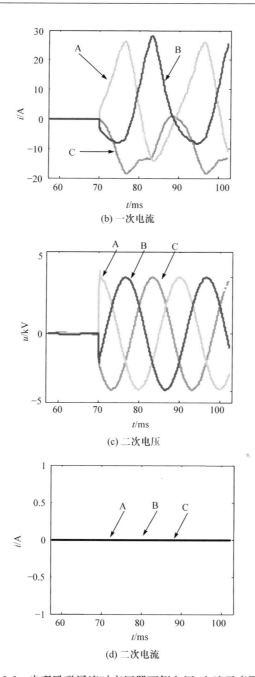

(b) 一次电流

(c) 二次电压

(d) 二次电流

图 6-6　出现励磁涌流时变压器两侧电压、电流示意图

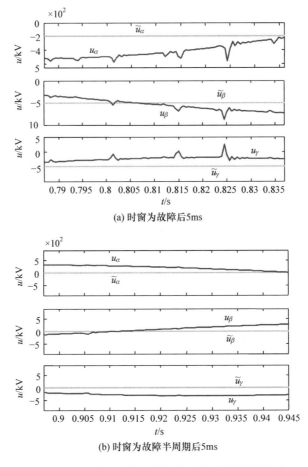

(a) 时窗为故障后5ms

(b) 时窗为故障半周期后5ms

图 6-7　出现励磁涌流时实测电压与模拟电压波形

变压器出现励磁涌流时,其等效电路模型虽未改变,但其磁路却在一个周期内不断地进退饱和,导致在变压器励磁涌流出现开始,涌流相对较大的一相其测后模拟电压与实测电压出现较大偏差,涌流较小的两相与正常运行时的变压器等效模型相似度依然很高。

若取故障发生后5ms时窗内的数据用于本保护的模拟计算,则有:①变压器外部故障时,各相实测电压波形与模拟电压波形之间的相关度均为正,且 Δ_α、Δ_β、Δ_γ 较大,均在 0.7 以上;②变压器励磁涌流时,Δ_α、Δ_β、Δ_γ 均为正;③变压器内部故障时,至少有两相实测电压波形与模拟电压波形之间出现负相关且相关度较低。根据以上特征可有效提炼出基于测后模拟思想的变压器保护判据:当 Δ_α、Δ_β、Δ_γ 满足式(6-7)时,判定为外部故障,保护可靠闭锁;当 Δ_α、Δ_β、Δ_γ 至少满足式(6-8)的两项时,判定为内部故障,保护动作,变压器出口跳闸;当式(6-7)、式(6-8)均不满足

时,判定为励磁涌流:

$$\begin{cases} \Delta_\alpha > 0.7 \\ \Delta_\beta > 0.7 \\ \Delta_\gamma > 0.7 \end{cases} \tag{6-7}$$

$$\begin{cases} \Delta_\alpha < 0 \\ \Delta_\beta < 0 \\ \Delta_\gamma < 0 \end{cases} \tag{6-8}$$

为验证基于测后模拟思想的变压器保护性能,仍采用图 5-1 所示仿真系统进行大量仿真验证,部分仿真如表 6-1 所示。

表 6-1 基于测后模拟原理的变压器保护计算结果

内部故障/励磁涌流	接地电阻/Ω	Δ_α	Δ_β	Δ_γ	正负相关	判别结果
内部 ABG	0	0.912	−0.125	−0.086	+ − −	内部故障
	20	0.923	−0.105	−0.097	+ − −	内部故障
	100	0.906	−0.125	−0.086	+ − −	内部故障
内部 BG	0	−0.079	0.942	−0.105	− + −	内部故障
	20	−0.083	0.932	−0.112	− + −	内部故障
	50	−0.081	0.926	−0.107	− + −	内部故障
内部故障/励磁涌流	合闸角/(°)	Δ_α	Δ_β	Δ_γ	正负相关	判别结果
空载合闸	0	0.256	0.960	0.923	+ + +	励磁涌流
	90	0.382	0.395	0.341	+ + +	励磁涌流

由表 6-1 可以看出,发生内部故障时,基于测后模拟原理的变压器保护可准确无误判断动作。与目前所研究的基于多种观测量的新型变压器保护原理相比,既无须获取变压器实际励磁曲线,也无须对变压器的特定参数进行辨识,算法简单,易于实现,有望在实际工程中得到应用。

6.2 基于变压器两侧能量差原理的变压器保护

当变压器发生励磁涌流时,变压器仅消耗非常少的有功功率,大部分能量在电能与磁能之间来回转化,在一个工频周期内,变压器两侧的能量差应该很小。而在发生内部故障时,除二次侧吸收的能量外,一部分变压器一次侧提供的能量会被故障点过渡电阻吸收,导致变压器一次侧注入能量与二次侧输出能量大小存在较大差异。

设变压器一次侧的电压、电流及两者的乘积分别为

$$u(t) = \sum_{m=1}^{\infty} U_m \sin(m\omega t + \varphi_{um}) \tag{6-9a}$$

$$i(t) = \sum_{n=1}^{\infty} I_n \sin(n\omega t + \varphi_{in}) \tag{6-9b}$$

$$p(t) = u(t)i(t) = \frac{1}{2} \sum_{m=1}^{\infty} \sum_{n=1}^{\infty} U_m I_n [\cos((m-n)\omega t + \varphi_{um} - \varphi_{in})$$
$$- \cos((m+n)\omega t + \varphi_{um} + \varphi_{in})] \tag{6-10}$$

式中,ω 为工频频率;U_m 和 φ_{um} 分别为第 m 次电压谐波的幅值和相角;I_n 和 φ_{in} 分别为第 n 次电流谐波的幅值和相角。对一个工频周期内的 $p(t)$ 进行积分,可得

$$E = \int_0^T p(t)\mathrm{d}t = \sum_{n=1}^{\infty} U_n I_n \cos(\varphi_{un} - \varphi_{in}) \tag{6-11}$$

式中,T 为工频周期。由式(6-9)可知,在一个工频周期内,变压器吸收或放出的能量与电压、电流各次谐波的相角差有关。在变压器空载合闸导致励磁涌流的情况下,大部分能量在电能与磁能间转化,仅有小部分能量被绕组电阻消耗,一次侧的电压、电流各次谐波的相角差应该接近 $90°$,一个工频周期内计算所得 E 应该很小,而二次侧未带负载,消耗的能量基本为 0,一次侧与二次侧之间的能量差也应非常小。在变压器发生内部故障的情况下,一部分电流会通过故障点流入大地,故障点过渡电阻将消耗一部分能量,一次侧与二次侧之间的能量差应大于励磁涌流情况。

设 $p_d(t)$ 为
$$p_d(t) = u_{1A}(t)i_{1A}(t) + u_{1B}(t)i_{1B}(t) + u_{1C}(t)i_{1C}(t) - u_{2A}(t)i_{2A}(t)$$
$$- u_{2B}(t)i_{2B}(t) - u_{2C}(t)i_{2C}(t) \tag{6-12}$$

式中,$u_{1N}(t)$、$u_{2N}(t)$、$i_{1N}(t)$、$i_{2N}(t)$(N=A,B,C)分别为一次侧和二次侧的三相电压、电流。设一个工频周期内变压器一次侧与二次侧的能量差为

$$E = \frac{1}{T} \int_0^T p_d(t)\mathrm{d}t \tag{6-13}$$

式中,T 为工频周期。

设变压器低压侧 A 相绕组 30％处发生接地故障,三相差流和计算所得 $p_d(t)$ 分别如图 6-8 所示。当变压器发生励磁涌流时,三相差流和计算所得 $p_d(t)$ 分别如图 6-9 所示。

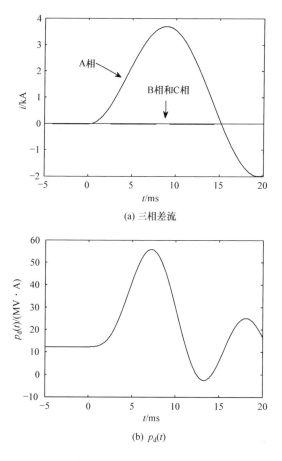

(a) 三相差流

(b) $p_d(t)$

图 6-8　变压器内部故障

将图 6-8 和图 6-9 所示曲线的数据代入式(6-13)，计算可得在变压器内部故障情况下 E 为 23.82，在变压器励磁涌流情况下 E 为 0.44。发生内部故障时，变压器两侧的能量差明显较大，发生励磁涌流时，变压器两侧的能量差趋向于 0。区分励磁涌流和内部故障的判据可写为

$$若 E > \varepsilon，　则判为发生内部故障 \tag{6-14a}$$
$$若 E \leqslant \varepsilon，　则判为发生励磁涌流 \tag{6-14b}$$

由图 6-8 和图 6-9 的仿真，可以将 ε 设为 1。对图 5-1 所示仿真系统进行大量仿真验证，部分计算结果如表 6-2 所示。

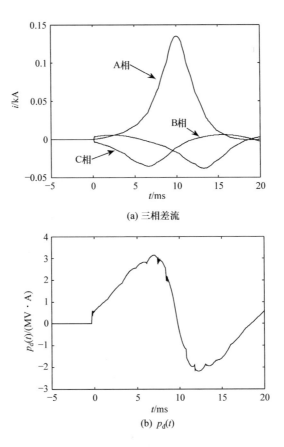

(a) 三相差流

(b) $p_d(t)$

图 6-9　变压器励磁涌流

表 6-2　基于变压器两侧能量差原理的变压器保护计算结果

内部故障/励磁涌流	接地电阻/Ω	E	判别结果
	0	24.50	内部故障
内部 ABG	20	22.77	内部故障
	100	20.36	内部故障
	0	24.89	内部故障
内部 BG	20	23.07	内部故障
	50	21.94	内部故障
内部故障/励磁涌流	合闸角/(°)	E	判别结果
空载合闸	0	0.256	励磁涌流
	90	0.382	励磁涌流

由表 6-2 可以看出,在变压器励磁涌流和内部故障时,基于变压器两侧能量差

的变压器保护可准确无误判断动作。与目前所研究的多种基于功率的新型变压器保护原理相比,该算法直接提取有功功率信息,只需对比一次侧与二次侧的电压、电流数据的乘积,算法简单,无须考虑变比、变压器等效阻抗的影响,不用计算序网分量,算法简单,易于实现,所需时窗不长,有望在实际工程中得到应用。

6.3 本 章 小 结

本章主要针对变压器发生内部故障时,变压器等效电路模型随之变动,而发生励磁涌流时,内部参数结构并未发生变动,利用正常运行时的电路模型可由一次侧的电压和电流计算出二次侧线模电压,根据计算值和测量值的相似程度,判别内部故障和励磁涌流,提出基于测后模拟原理和变压器两侧能量差的变压器保护,这两种方法分别从变压器等效模型与变压器两侧能量接近的原理入手,但是需引入电压量,而电压和电流测量需保持同步,TV 和 TA 的时间常数一致才能保障保护效果。

参 考 文 献

安娜. 2012. 分形在电力系统工学若干问题的应用分析[D]. 昆明:昆明理工大学硕士学位论文.

毕大强,张项安. 2006. 基于非饱和区域波形相关分析的励磁涌流鉴别方法[J]. 电力系统自动化,30(6):16-24.

程利军,龙翔,杨奇逊. 2000. 基于采样值的 CT 饱和检测方案的研究[J]. 继电器,28(8):19-21.

褚云龙,郝治国,李朋. 2006. 基于变压器模型的变压器保护原理研究[J]. 电力系统保护与控制,36(23):1-5.

邓祥力. 2011. 大型变压器保护新原理研究和装置研制[D]. 武汉:华中科技大学博士学位论文.

董杏丽,葛耀中,董新洲. 2003. 基于小波变换的电流行波母线保护的研究(二)保护方案与仿真试验[J]. 电工技术学报,18(3):98-100.

段建东,张保会,陈坚,等. 2004. 电流行波差动式母线保护的研究[J]. 电力系统自动化,28(9):43-48.

段建东,张保会,张胜祥. 2004. 利用线路暂态行波功率方向的分布式母线保护[J]. 中国电机工程学报,24(6):7-12.

葛宝明,苏鹏声,王祥珩,等. 2002. 基于瞬时励磁电感频率特性判别变压器励磁涌流[J]. 电力系统自动化,26(17):35-39.

葛宝明,王祥珩,苏鹏声,等. 2003. 电力变压器的励磁涌流判据及其发展方向[J]. 电力系统自动化,27(22):1-5.

葛耀中,董杏丽,董新洲,等. 2003. 基于小波变换的电流行波母线保护的研究(一)原理与判据[J]. 电工技术学报,18(2):95-99.

韩正庆,高仕斌,李群湛,等. 2005. 基于差动电流正弦曲线拟合波形的变压器保护原理[J]. 电力系统自动化,29(12):29-33.

郝文斌. 2004. 变压器暂态仿真模型及基于支持向量机的变压器保护原理研究[D]. 重庆:西南交通大学硕士学位论文.

郝治国,张保会,褚云龙,等. 2006. 基于等值回路平衡方程的变压器保护原理[J]. 中国电机工程学报,26(10):67-72.

何奔腾,徐习东. 1998. 一种新型的波形比较法变压器差动保护原理[J]. 中国电机工程学报,18(6):395-398.

贺家李,李永丽,李斌,等. 2014. 特高压交直流输电保护与控制技术[M]. 北京:中国电力出版社.

贺家李,宋从矩. 2004. 电力系统继电保护原理[M]. 北京:中国电力出版社.

贺勋. 2006. 变压器涌流问题的研究[D]. 昆明:昆明理工大学硕士学位论文.

胡玉峰,陈德树. 2000. 基于采样值差动的励磁涌流鉴别方法[J]. 中国电机工程学报,20(9):55-63.

胡玉峰,陈德树,尹项根,等. 2002. 虚拟三次谐波制动式变压器差动保护的仿真研究[J]. 电力系统自动化,26(2):38-44.

黄家栋,罗伟强. 2009. 采用改进数学形态学识别变压器励磁涌流的新方法[J]. 中国电机工程学报,29(7):98-105.

焦邵华,刘万顺. 1999. 区分变压器励磁涌流和内部短路的积分型波形对称原理[J]. 中国电机工程学报,19(8):35-38.

李存贵,刘万顺. 2001. 基于波形相关性分析的变压器励磁涌流识别新算法[J]. 电力系统自动化,25(17):25-28.

李海峰,王钢,丁宇,等. 2003. 超高速暂态方向母线保护的研究[J]. 继电器,31(6):13-18.

李海锋,王钢,李晓华. 2005. 基于暂态电流谱能量的母线保护新原理[J]. 电力系统自动化,29(6):51-54.

李岩,陈德树,张哲,等. 2001. 鉴别 TA 饱和的改进时差法研究[J]. 继电器,29(11):1-8.

林湘宁,刘沛,杨春明,等. 2001. 利用改进型波形相关法鉴别励磁涌流的研究[J]. 中国电机工程学报,21(5):56-60,70.

卢芳. 2012. 基于临界机组对的电力系统暂态稳定问题研究[D]. 哈尔滨:哈尔滨工业大学硕士学位论文.

马静. 2007. 变压器主保护新原理和新算法的研究[D]. 保定:华北电力大学博士学位论文.

邵德军. 2009. 大型变压器暂态机理与保护新原理研究[D]. 杭州:浙江大学博士学位论文.

束洪春. 2009. 电力工程信号处理应用[M]. 北京:科学出版社.

束洪春,安娜,董俊. 2012. 高压直流输电线路故障识别的分形算法[J]. 中国电机工程学报,36(12):49-54.

束洪春,彭仕欣,李斌,等. 2008. 利用测后模拟的谐振接地系统故障选线方法[J]. 中国电机工程学报,28(16):59-64.

孙鸣. 2008. 大型电力变压器快速主保护新原理及其应用问题的研究[D]. 合肥:合肥工业大学博士学位论文.

孙鸣,梁俊滔,冯小英. 2001. 基于功率差动原理的变压器保护实现方法的分析[J]. 电力系统保护与控制,29(12):13-15.

孙向飞. 2008. 合闸行波与变压器和应涌流特征新探及相关保护问题研究[D]. 哈尔滨:哈尔滨工业大学博士学位论文.

孙志杰,陈云仑. 1996. 波形对称原理的变压器差动保护[J]. 电力系统自动化,1996,20(4):42-46.

孙志杰,曾献华. 2005. 磁通制动原理在变压器差动保护中的应用[J]. 电力自动化设备,23(1):79-81.

索南加乐,邓旭阳,焦在滨,等. 2008. 基于故障分量综合阻抗的母线保护新原理[J]. 电力系统自动化,(8):35-39.

王庆平,董新洲,周双喜. 2004. 基于自适应模型的变压器暂态全过程数值计算[J]. 电力系统自动化,28(18):54-58.

王世勇,董新洲,施慎行. 2011. 不同频带下电压故障行波极性的一致性分析[J]. 电力系统自动化,35(20):68-73.

王维俭,王祥珩,王赞基. 2006. 大型发电机变压器内部故障分析与继电保护[M]. 北京:中国电力出版社.

王祖光. 1979. 间断角原理的变压器差动保护[J]. 电力系统自动化,3(1):18-30.

吴崇昊. 2008. 特高压母线差动保护研究[D]. 南京:东南大学博士学位论文.

熊小伏,邓祥力,游波. 1999. 基于参数辨识的变压器微机保护[J]. 电力系统自动化,23(11):18-21.

徐习东. 2005. 电力变压器纵差保护研究[D]. 杭州:浙江大学博士学位论文.

徐习东,雒铮,方愉冬. 2005. 变压器差动保护的隐患[J]. 电力系统自动化,25(13):87-89.

徐习东,颜伟林. 2002. 基于波形识别的变压器自适应制动比率差动保护原理. 电力系统自动化,26(23):37-41.

徐岩,王增平,杨奇逊. 2004. 基于电压和电流微分波形特性的变压器保护新原理的研究[J]. 中国电机工程学报,24(2):61-65.

曾杰,张禄亮,吴青华. 2017. 基于形态学骨架的变压器差动保护[J]. 电力系统自动化,41(23):68-76.

周玉兰. 2001. 1990~1999 年 220 kV 及以上变压器保护运行情况[J]. 电力系统自动化,21(5):51-53.

周玉兰. 2006. 2004 年全国电网继电保护装置运行中的问题分析[J]. 电力设备,7(1):13-17.

朱亚明,郑玉平,叶锋,等. 1996. 间断角原理的变压器差动保护的性能特点及微机实现[J]. 电力系统自动化,20(11):36-40.

宗洪良,金华峰,朱振飞,等. 2001. 基于励磁阻抗变化的变压器励磁涌流判别方法[J]. 中国电机工程学报,21(7):91-94.

邹贵彬,高厚磊,江世芳,等. 2009. 新型暂态行波幅值比较式超高速方向保护[J]. 中国电机工程学报,29(7):84-90.

邹贵彬,宋圣兰,许春华,等. 2014. 方向行波波形积分式快速母线保护[J]. 中国电机工程学报,34(31):5677-5684.

Ahmadi M,Samet H,Ghanbari T. 2015. Discrimination of internal fault from magnetising inrush current in power transformers based on sine-wave least-squares curve fitting method [J]. IET Science,Measurement & Technology,9(1):73-84.

Alencara R J N,Bezerrab U H,Maurício A,et al. 2014. A method to identify inrush currents in power transformers protection based on the differential current gradient[J]. Electric Power Systems Research,111(1):78-84.

Apostolov A P. 2001. High speed peer-to-peer communications based bus protection[J]. Power Engineering Society Winter Meeting,(2):693-698.

Barbosa D. 2011. Power transformer differential protection based on Clarke's transform and fuzzy systems[J]. IEEE Transactions on Power Delivery,26(2):1212-1220.

Chothani N,Bhalja B R. 2011. A new differential protection scheme for busbar considering CT saturation effect[C]. IEEE Canadian Conference on Electrical and Computer Engineering

(CCECE 2011),Niagara Falls:7-11.

dos Santor E M,Cardoso G, Farias P E,et al. 2013. CT saturation detection based on the distance between consecutive points in the plans formed by the secondary current samples and their difference-functions[J]. IEEE Transactions on Power Delivery,28(1):29-37.

Garlapati V K,Chattopadhyay P. 2010. Impact of mother wavelet on the performance of wavelet-neural nerwork (WNN) based transformer protection[C]. Annual IEEE India Conference, New Delhi.

Girgis A A,Hart D G,Chang W B. 1991. An adaptive scheme for digital protection of power transformers[J]. IEEE Transactions on Power Delivery,7(2):546-553.

Hafez D M,Eldin E H S,Mahmoud A A. 2013. A novel unit protective relaying concept based on sequential overlapping derivative transform:Interconnected network application[J]. Electrical Power and Energy Systems,43(1):206-216.

Hermanto I,Murty Y V S,Rahman M A. 1991. A stand-alone digital protective relay for power transformers[J]. IEEE Transactions on Power Delivery,6(1):85-92.

IEEE Working Group 3. 4. 11. 1992. Modeling of metal oxide surge arresters[J]. IEEE Transactions on Power Delivery,7(1):302-309.

Inagaki K, Higaki M, Matsui Y, et al. 1998. Digital protection method for power transformers based on an equivalent circuit composed of inverse inductance[J]. IEEE Transactions on Power Delivery,3(4):1501-1510.

Lin C E,Cheng C L,Huang C L,et al. 1993. Investigation of magnetizing inrush current in transformers. II. Harmonic analysis[J]. IEEE Transactions on Power Delivery,8(1):255-263.

Oliveiral L M R,Cardoso A J M. 2012. Extended Park's vector approach-based differential protection of three-phase power transformers[J]. IET Electric Power Applications,6(8):463-472.

Phadke A G,Trop J S. 1983. A new computer-based flux restrained current differential relay for power transformer protection[J]. IEEE Transactions on Power Apparatus and Systems, 102(11):3624-3629.

Rasoulpoor M,Banejad M. 2013. A correlation based method for discrimination between inrush and short circuit currents in differential protection of power transformer using discrete wavelet transform:Theory, simulation and experimental validation[J]. Electrical Power and Energy Systems,51(10):168-177.

Yabe K. 1997. Power differential method for discriminating between fault and magnetizing inrush current in transformers[J]. IEEE Transactions on Power Delivery,12(3):1109-1118.